给孩子过好一生的勇气

基于阿德勒心理学的养育技巧

郭琼 —— 著

北京理工大学出版社
BEIJING INSTITUTE OF TECHNOLOGY PRESS

版权专有　侵权必究

图书在版编目（CIP）数据

给孩子过好一生的勇气：基于阿德勒心理学的养育技巧/郭琼著. — 北京：北京理工大学出版社，2024.7
ISBN 978-7-5763-3772-3

Ⅰ.①给⋯ Ⅱ.①郭⋯ Ⅲ.①阿德勒（Adler, Alfred 1870-1937）—心理学—通俗读物②亲子教育—通俗读物　Ⅳ.① B84-49 ② G781-49

中国国家版本馆 CIP 数据核字（2024）第 070507 号

责任编辑：王梦春		**文案编辑**：邓　洁	
责任校对：刘亚男		**责任印制**：施胜娟	

出版发行 / 北京理工大学出版社有限责任公司
社　　址 / 北京市丰台区四合庄路 6 号
邮　　编 / 100070
电　　话 /（010）68944451（大众售后服务热线）
　　　　　（010）68912824（大众售后服务热线）
网　　址 / http：// www.bitpress.com.cn

版 印 次 / 2024 年 7 月第 1 版第 1 次印刷
印　　刷 / 三河市华骏印务包装有限公司
开　　本 / 710 mm×1000 mm　1/16
印　　张 / 17
字　　数 / 201 千字
定　　价 / 59.80 元

图书出现印装质量问题，请拨打售后服务热线，负责调换

本书赞誉

Vickie 这本书,以深入浅出的方式解读了阿德勒心理学和正面管教在亲子关系中的应用。她教家长们如何"看见"孩子,如何帮助孩子培养能力和勇气,如何自我关爱,这些都是构建孩子健全人格不可或缺的基石。对于每一位关心孩子成长的父母来说,这都是一本值得一读的佳作。

简·尼尔森

正面管教创始人

这本书凝聚了郭琼多年的所学和实践,既有深厚的理论支撑,又不乏生动鲜活的案例。对家长在育儿过程中的常见困惑,如孩子打人、写作业磨蹭、两孩争斗、爱玩电子产品等都进行了详尽而富有洞见的解答。相信在阅读过程中,您定能收获满满的启发与成长。

姚以婷

亚和心理咨商所院长、正面管教高级导师

本书作者郭琼是一位懂孩子、懂养育的实践型妈妈。这本书不仅带给读者专业的理论,更带给读者真实的经验实例。有理有据,有情有爱,价值满满。

甄颖

《孩子:挑战》《行之有效的正面管教》等 9 本阿德勒 / 正面管教相关书籍的译者 / 作者、正面管教导师

很高兴能读到伟博妈妈的这本新书。作为一名教育工作者,我和所有父母一样每天都在见证着孩子们的成长,每天也在为他们成长中的烦恼所困惑。每

个孩子都是一个独立的生命体,如何读懂他们?如何支持他们在独有的成长轨迹中寻找正确的方向?我们也许没有标准答案,但这本书中的众多案例研究和心理学理论分析可以引发我们对孩子成长过程中一些现象的思考,让每个读者找到各自独特的参考方案。

费建华

上海德闳学校创校校长

做好"高能要事",更能享受生活。本书深刻解读了养育之路上的"高能要事",那就是放慢脚步,陪伴孩子成长,尊重其个性,欣赏其独特,给予勇气与力量。这,便是通往幸福一生的基石。

叶武滨

易效能创始人、时间管理专家

《给孩子过好一生的勇气》带给读者一种温和而坚定的力量,并以大量的实际场景案例与处于迷茫、挫折中的父母共情,生动地解释了什么是基于阿德勒心理学的正向养育。通过阅读本书,父母能更好地理解孩子行为表象与内在真实之间的差异,并能获得实用和学术的双重启发,从而能更有效地和孩子沟通,引导孩子自发解决问题,让父母和孩子能在更好的亲子之爱中共同成长。

黎音

世界广告大会金驼铃奖评审主席、中国 2010 年上海世博会品牌管理总监

我们总是要求孩子变好,让孩子没完没了地学习,却忘了我们需要培养怎样的孩子。如果一个家长能让孩子勇敢面对困难,诚实面对内心,我敢说,这样的教育就非常成功了。

秋叶

秋叶品牌及秋叶 PPT 创始人

郭老师多年来为本校教职员和家长提供一系列正面管教的工作坊，在场的许多学员都曾被她的热忱所感染，并改变了与孩子的相处模式，每次都能收到学员欣喜又鼓舞的反馈。

在阅读本书过程中，我参考里面的对话与经验，在我和孩子情绪激动产生矛盾之后，进行了一段交谈，我表达理解他行为背后的意图，我看到他在寻求自我价值感和归属感，孩子竟感动地哭了，就像久未触碰到的内心深处被温柔地抚慰着。我想如果所有的孩子都能被大人以正面的态度对待，该有多幸福。

郭老师慷慨分享自己育儿的故事，一字一句是那么语重心长，用朴实真诚的语言感动着我们，真心希望更多的人来阅读这本书。

李幼文
上海德闳学校心理咨询师

自 序

世间所有的爱都是为了相聚,唯独对孩子的爱是为了分离。父母不能时时陪伴在孩子身边去帮助孩子抵挡人生的风风雨雨,也不能代替孩子过他自己的人生。总有一天,孩子要单飞。而父母能够做的就是帮助孩子做好从家庭跨入社会的准备,让他们有能力在自己的时代生活得很好。

十二年来,我养育两个孩子,从事家庭教育工作近十年。这期间,我遇到过很多的挑战,有过无助、迷茫和焦虑,也有穿越迷雾的欣喜。我倾听过很多父母的挣扎和无奈,也见证了很多家庭的成长和改变。如何当好父母是一个难题,然而,当父母对自己的养育方式有比较多的觉察,当父母能去看见孩子行为背后的感受和想法,去了解孩子真正的心理需求是什么,又能把这些需求适时、恰当地给到他们的时候,就会发现,养育其实是非常有趣的、有回报性的。我要感谢阿德勒心理学给予我们的心法、工具和智慧,让我们能够把养育孩子这份工作做得很好。父母给孩子的底气,是孩子过好一生的勇气。

阿尔弗雷德·阿德勒(Alfred Adler,1870—1937年)的个体心理学被称为人性心理学的源头,深刻影响了许多知名心理学家,包括人本主义大师亚伯拉罕·马斯洛、卡尔·罗杰斯,以及认知心理学派的亚伦·贝克等人。他们延续了阿德勒的哲学立场，即人类总是以目标为导向，不能只把人类理解为一连串的生物冲动。

阿德勒心理学也是儿童教育领域应用最多的心理学理论之一，是正面管教的理论基础。借由探讨儿童行为背后真正的目的，教导父母深刻地理解孩子，有效地引导孩子，把错误目标与行为变成独立自主、负责任的表现——以鼓励代替赞美和批评；以自然而合理的后果代替惩罚；以倾听和"我信息"，增进父母与孩子间的沟通与了解。相较于人的生物属性，阿德勒更强调人的社会属性，他认为人在社会上就是追求两样东西——归属感和价值感，而归属感和价值感的建立发生在儿童早期。父母和教育工作者可以从以下四个方面给孩子提供支持，这也是孩子的四种心理层面的基本需求。

第一种需求是对情感的需求。婴儿自出生开始，就有渴望被抚摸和拥抱的原始情感需求。每个孩子都渴望与他人建立联结。照顾者的正向回应，是促进孩子与人情感联结的关键。与人建立联结的人，有安全感、有合作力，能够接触和结交朋友。他们感受到"我被爱"，觉得自己有归属。对归属感的需求是孩子与生俱来的，而且永远都不会消失。每个孩子都需要对家长和老师有牢固的情感依恋，哪怕只有其中一端也是好的。他们能感知到与他人的联结——自己是被爱的、被理解的和有归属感的。当这种情感的需求缺失时，孩子可能感受到疏离、孤立、不安全，他就可能会以退缩、远离人群的过度补偿模式来保护脆弱的自尊。他可能会尝试各种各样出人意料的、消极的行为来吸引关注，甚至通过涉入毒品、酒精、暴力等方式让自己成为焦点，以确保自己在群体或家庭中占有一席之地。而有联结的，良好的亲子关系、师生关系是保护青少年远离这些的最重要的因素。

第二种需求是有关于成长和学习的需求，是改善提升的需求。婴儿出生后会自觉地寻找乳头；蹒跚学步时，摔倒后他会努力地爬起来；他想要自己系鞋带，自己吃饭……他需要有"我能做到"的感知，从而建立内在的自信，走向独立。觉得自己有能力的人会有一种胜任感，有自制力、有自律性、有解决问题的能力。他们自力更生，为自己和自己的行为负责。他们相信自己可以做任何他们立志要做的事情。当这种能力感缺失时，孩子会觉得自己能力不足，于是会特别渴望拥有自己缺失的那部分。他们的行为可能表现为与成年人对抗，只有当自己说了算，或者其他人管不了自己，才有归属感和价值感。他们经常变得依赖他人或者试图压倒他人。这样的孩子很容易和陷入父母和"权力之争"。

第三种需求是对于"意义感"的需求，也是"被需要"的需求。孩子们需要感觉自己的重要性——我是有价值的，我能做出贡献。觉得自己很重要的人，会相信他们在这个世界上能有所作为，而且他们以某种方式为周围的人做出贡献。阿德勒说，每一个人都在努力地寻找价值感，但是如果一个人看不到"人生的意义必须建立在对他人有益，为他人做贡献"的基础之上的话，他可能就会在寻找意义上犯一些错误。阿德勒提倡的"社会情怀"（德语原文是 Gemeinschaftsgefühl，英文翻译为 Social Interest），是指我们找到了建立归属感和做贡献的方式，这对一个人的身心健康有非常重要的作用。拥有社会情怀的孩子，日后很愿意并且能够做出贡献，并发展出自尊和同理心。而当这种"我被需要""我很重要"的感觉缺失时，孩子可能会感受到自己是多余的、无关紧要的、渺小的、受伤的。这种感受对他们来说十分痛苦。觉得自己不重要的孩子，通常自尊心差，而且容易主动放弃，他会不断地证明他人的不公正，并在感到受伤时以牙还牙。

第四种心理需求是对于鼓励的需求。孩子们需要勇气来直面人生的挑战和困难，即使在不知道自己能否成功的情况下也能勇往直前。阿德勒说，没有一个孩子、一个个体、一个组织，能在缺乏鼓励的情况下健康地成长。作为父母和老师，有责任通过爱与鼓励，帮助孩子感受到"我有勇气"，不惧人生的挑战。鼓励是是促进孩子发展社会情怀和勇气的最好方法。被鼓励长大的孩子，不会用成败来衡量自己，而是把注意力放在努力的过程上，因此他们不会害怕失败。他们明知有困难，也会勇于尝试，为之付出努力。他们愿意承担风险，并相信自己能够处理具有挑战性的人生。他们还富有极强的复原力和韧性。当勇气缺失时，孩子可能会觉得自己比别人差，感受到自卑、沮丧、无望，他们不愿冒险，往往不经过尝试就放弃，竭尽所能地避免失败。

北美阿德勒心理学派的临床心理学博士柏蒂·璐·柏特纳尔（Betty Lou Bettner）博士，将这四个需求提炼为 4C，分别是：Connect（联结）、Capable（能力）、Count（认可）、Courage（勇气），这样就更加方便记忆和理解。当这些基本需求得到满足后，孩子会成为一个备受鼓舞也能鼓舞他人的人，拥有享受工作、建立亲密关系的能力，并在对这个社会做出贡献时找到自己的人生意义。反之，当这些基本需求得不到满足时，孩子会出现一些"不当行为"，如放弃、回避、欺骗、否认、拖延、强词夺理、找借口、争辩、对着干等，无法通过建设性的方式获得归属感和价值感的孩子往往会表现出以上不当行为。这些不当行为并不是问题所在，而是孩子用于解决问题的办法。我们不要去消除这些行为，而是要帮助他们克服困难，达到目标。就好像我们生病了，医生不会训斥我们，而是询问病情、检查身体，并拟定适合的治疗方案。

全书分为六章。第一章主要讲"理解孩子"，从行为目的论和脑科学的角度来阐述孩子为何有这样那样令人费解的行为，理解了孩子之所以有这些行为是缺乏知识（意识）或有效技能导致的，又或者是孩子发展阶段中的典型行为，父母便能对孩子持有更多的耐心、包容和理解；

第二章到第五章，从孩子的四种基本心理需求出发，来阐述父母可以怎么做、怎么说，为什么要这么做和为什么要这么说，从而帮助孩子建立归属感和价值感；第六章是"与孩子共同成长"，这是我们一生的功课，育儿最终是育己。在这六章里，阿德勒心理学的主要理论也贯穿始终，作为养育方法的指导原则。这十个理论分别是：

一、人是社会性的存在，所有的行为都有获得归属感与价值感的目的。

二、我们是完整的个体（认知、感受和行为合一）；生活的各个层面也不可分割（例如工作、爱、友谊）——整体论。

三、每个人在尊严和被尊重方面都是平等的——横向关系，而非纵向关系。

四、有关私人逻辑：不是关注发生了什么，而是我们如何对发生的事情赋予意义——认知论。

五、社会情怀（社会兴趣、社区感受）。

六、我们的行为是以目标为导向的，目标是想做得更好——目的论。

七、每个人具有开创命运的能力，即创造性自我。

八、鼓励。

九、错误是学习的好机会，当错误发生时，我们要关注解决方案，而非惩罚和奖励。

十、不完美的勇气。

除了正面管教与阿德勒心理学的理论，本书还涉及部分正念、脑神经科学和家庭治疗的知识。书里有很多育儿小故事，是基于我自己和学员们真实生活的案例分享，希望你读了以后能会心一笑，共鸣之余还能从中得到启发。

阿德勒在《儿童的教育》中说道："心理学不是一朝一夕能学好的

科学,而是要边学习边实践。"教育的主要部分来自实践,实践能力是人成长的关键。愿父母们能通过阅读这本书,跟随书中的理念与方法,切身实践和练习,锻炼自己真正"看到"孩子的能力,帮助孩子建立归属感、价值感、能力感和勇气,帮助孩子培养社会情怀,引导他们找到正确的人生方向,获得幸福充实的人生。

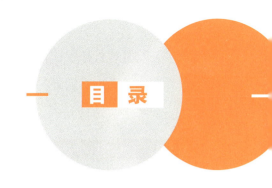

目录

第一章 "我是被理解的!"
——父母如何"看见"孩子,理解他的感受和需求

1.1 你真的理解孩子吗? / 002

1.2 孩子是如何感知的? / 005

1.3 孩子行为背后的目的 / 008

1.4 发育中的大脑 / 024

1.5 妈妈定了,局面就定了 / 028

1.6 横向关系是有效养育的基础 / 033

第二章 "我是被爱的!"
——父母如何与孩子有效联结,建立良好亲子关系

2.1 生命最初的联结 / 039

2.2 接纳孩子每种情绪的重要性 / 043

2.3 有效的联结,从共情开始 / 046

2.4 做一个有效的倾听者 / 052

2.5 面对情绪容易失控的孩子 / 062

2.6 优质时光提升亲子关系 / 067

2.7 游戏力带来松弛感 / 072

2.8 多子女家庭爱的联结 / 076

第三章 "我是有能力的！"
——父母如何引导孩子建立内在自信，走向独立

3.1 让孩子自己做 / 089

3.2 避免溺爱和包办 / 091

3.3 写作业，是谁的课题？ / 094

3.4 以合理后果代替惩罚 / 101

3.5 不要期待孩子不学就会 / 106

3.6 用提问为孩子赋能 / 110

3.7 不要和孩子对着干 / 114

3.8 孩子打人的背后 / 118

第四章 "我是重要的！"
——父母如何帮助孩子找到意义感，建立影响力

4.1 社会情怀的意义 / 125

4.2 让孩子参与家务 / 130

4.3 表达真实感受 / 138

4.4 赢得孩子的合作 / 141

4.5 做孩子的榜样 / 146

4.6 家庭氛围对孩子的影响 / 150

4.7 不可或缺的家庭会议 / 161

4.8 放下"我"，成为"我们" / 170

第五章 "我是有勇气的!"
——父母如何帮助孩子培养勇气,不惧人生的挑战

5.1 父母要避免让孩子气馁 / 179

5.2 以鼓励代替批评 / 185

5.3 少赞美、多鼓励 / 191

5.4 鼓励的表达形式 / 197

5.5 鼓励的基本态度 / 201

5.6 关注孩子的细小进步 / 205

5.7 用加法视角代替减法视角 / 208

5.8 将错误视作学习机会 / 212

第六章 与孩子共同成长
——父母的自我觉醒与成长,也是教育孩子的一部分

6.1 来自过去的影响 / 219

6.2 觉察,是改变的开始 / 223

6.3 接纳自己的不完美 / 227

6.4 练习身心的安定 / 231

6.5 照顾好自己 / 238

6.6 父母的角色 / 241

后 记 不完美的勇气 / 249

致 谢 / 254

第一章

"我是被理解的!"

——父母如何"看见"孩子,
理解他的感受和需求

1.1 你真的理解孩子吗?

我常常在家长课上讲这么一个故事。

我当时带着不满三岁的小儿子小树在朋友家做客。小树拿起餐桌上的一块菠萝蜜,准备要往嘴里放。朋友家五岁的女儿婷婷见状,连忙夺过来,还大声地喊道:"你不能吃!你不能吃!"一个要吃,一个不许吃,两个小孩拉扯在一起。

大人见状,赶紧跑过来,劝婷婷给小树吃,可婷婷就是不肯。婷婷生气地喊道,"这是我爸爸吃过的!"大人说:"这有什么关系啊,你不要这么小气!"婷婷还是紧紧地抓住放菠萝蜜的盘子不松手。我好奇地问了她一句:"婷婷,是因为你爸爸吃过了,所以小树不能吃了吗?"

"是啊!上面有我爸爸的口水。一个人的口水不能进到另外一个人的嘴巴里,不然那个人会生病的!"

"哦,我明白了。原来你是担心小树吃到沾有爸爸口水的菠萝蜜会生病呀?"

"嗯,是的呀!"

每当我在家长课堂上讲到这个故事,学员们都会发出:"啊!原来如此!"的感叹。婷婷看似不恰当的行为背后,竟有如此美好的正向动机。

第一章 "我是被理解的!"
父母如何"看见"孩子,理解他的感受和需求

在我的大儿子伟博四岁时,也有这么一件事情。当时正是早春二月,上海还很冷,我不得不把客厅露台的玻璃门关上。我刚关好,伟博就打开。我又关好,过了一会儿我发现他又把门打开了。我对他说:"太冷了,你把门关上吧。"他不肯。我好奇地问了一句:"你坚持把门打开,是因为什么呢?"他回答:"把门打开,爸爸晚上回来的时候就能看见家里的灯光了。"

岸见一郎先生在他的著作《不管教的勇气》里也讲过一个类似的故事:

儿子四岁时妹妹出生了。有天晚上,儿子和我太太一起下楼上洗手间,女儿因为看不见妈妈,突然大哭了起来。不久以后,上完洗手间的儿子先上楼,爬楼梯的时候发出很大的声音。由于楼梯正下方是我父亲的房间,当时是晚上十点多,父亲已经入睡,因此我请儿子把脚步放轻一点。结果儿子说:"妹妹听到爬楼梯的声音,以为是妈妈来了,就不会再哭了。"

看似一个个我们不能理解的行为背后,都暗藏着孩子自己的想法。如果不去了解孩子令人费劲行为背后的想法就去责备孩子,孩子感受不到被理解,亲子关系自然也不会好。不管是什么状况,孩子言行的背后一定有其原因,请父母们静下心来,找出他们正向的动机。而要做到这点并不容易,毕竟人都有情绪,如果父母处在情绪中,很容易把学过的知识、看过的书,都忘在脑后。但是只要父母对于自己的情绪有所觉察,然后有意识地冷静下来,找到孩子真正的目的,对孩子的看法就会不一样,亲子关系也会更加紧密。

父母理解孩子的第一步,是学习做一个"会潜水"的家长。孩子表

冰山

现出的行为，这只是冰山露出水面的那一角，而更多的是在水面以下的部分。孩子的情绪，孩子的信念和想法，更需要被父母看到。如果父母只着重于纠正孩子的行为，而没有理解孩子的情绪，没有和孩子讨论他们的想法，孩子的行为便不易改变。害怕失去妈妈的孩子，常会吵着说晚上要和妈妈一起睡；和弟弟争宠的孩子，可能会有夜尿的现象。如果父母只是看到冰山水面之上的行为，告诉孩子不要乱想，孩子的情绪困扰便不会消除，行为也依旧不改。也就是说，当孩子出现偏差行为时，父母应先尝试带着开放和好奇的心态去了解孩子的主观感受，而不宜用对错来评价孩子的行为。

父母的心里要随时有这么一张冰山图，遇到问题不妨先自问一句："我的孩子出现这样的行为，他的想法和感受是什么？他经历了什么？"就像前文提到的例子，婷婷不肯给小树吃菠萝蜜，这个行为是"不愿意分享"，而冰山之下，行为背后她的感受是"着急"，想法是"吃了别人的口水会生病"，这是一个多么美好的动机啊！当理解了孩子的想法，再看她"不愿意分享"的行为，是不是不一样了呢？

对孩子所有的主观评判都会阻碍孩子对父母的信任，也就失去让孩子解释、澄清的机会。若他们的错误认知没有得到充分的讨论和理解，他们的外在行为也将继续发生。

1.2 孩子是如何感知的?

孩子的行为往往是他整体生活和整体人格的外显,如果不了解行为中隐含的生活背景,就无法理解他的行为。在阿德勒心理学里,把这种现象称为人格的统一性。理解了人格的统一性,父母对孩子的理解又会更深一层。

举个例子,一个在家里备受娇宠的孩子,唯我独尊,周围每一个人都乐于满足他的任何要求。三年后他的弟弟出生了,全家人的焦点从这个孩子的身上转移到弟弟那里。此时,已经升级当哥哥的他出现了一些退行现象,已经不尿床的他又开始尿床,还要拿弟弟的奶瓶喝水。行为也变得乖张,他会故意制造噪声,让父母难以忍受。一旦妈妈没有满足他的要求,他就摇妈妈的手臂,甚至扯妈妈的衣服。他以令人厌恶的方式获得家人对他的关注。

这个孩子进入小学后依然我行我素,但学校不同于家庭,老师对所有孩子都是一视同仁,他并不会得到特别对待。于是他通过破坏课堂纪律、骚扰他人等行为继续寻求关注。自然而然,他受到了学校的惩罚,被警告多次。最后学校约谈了父母,表示如果孩子依然屡教不改,就只能劝退。对父母而言,这是他们万万没有想到的体验,但是对这个孩子而言却是正中下怀,他又一次成功地吸引到了父母的关注。

他的行为和他的信念是一致的:我是家里的中心,妈妈只为我一个人服务。带着这样的信念,他就很难适应学校的生活。学校往往是暴露家庭问题的场所,阿德勒曾说过,当父母没有能力帮助孩子的时候,学校老师应该扮演"迟来的母亲"。老师可以通过有效引导，持续鼓励，协助儿童改变其错误目标及行为。如果学校不了解孩子的背景信息，只用惩罚和打压的方式，处理他的偏差行为，就会适得其反。要改变其行为，需要深入理解他的生活背景以及信念是如何形成的。

儿童的生长发展是一个复杂的过程。家庭环境、父母的养育方式、手足、性别、生理状况等都是一个个素材，孩子借由这些素材发展出自己的信念。我们要厘清，某件事情会对孩子造成什么样和什么程度的影响，并不取决于事情本身，而取决于孩子如何看待这个事实。并不是因为"弟弟出生"这件事，让这个孩子发生了这么大的转变，而是这个孩子对"弟弟出生"这件事情的看法，让他产生了错误的信念。

有一段时间我感到特别孤单，身边认识的朋友们都三三两两地有了自己的小圈子，但似乎没有我的位置。看到朋友们一起外出聚餐，有说有笑，我就更往后退，我不会走过去说："我可以加入你们吗？"我看到几个相好的朋友在朋友圈晒出一起玩的照片，想着她们感情那么好，我就会有点难过。

在做童年回忆[①]的练习时，我想起了一段童年往事。五岁半的那一年，我因为不够年龄上小学，学校不接收。爸爸联系了校长，让我插班进去读，他并不指望我能读成什么样，只是因为在学校有人带着有人管着。爸爸把家里的书桌和凳子搬到学校，又去新华书店买了一套小学一年级的课本，就这样，把我硬塞到了小学里。我去学校的时候已经开学了，课间休息的时候，同学们三三两两地玩在一起，我默默地看着他们，感觉特别孤单。"她们已经有了自己的小圈子，似乎没有我的位置。"这就是当年

---

① 童年回忆（early recollection）是阿德勒学派心理治疗的一个方法。

那个五岁半的我的一个诠释,我形成的信念就是"没有人带我玩"。

伴随着这个感知与信念,我长大成人,上大学,参加工作,依然时常会有孤单的感觉。我特别在意朋友们不带我玩。但这是真的吗?其实并不是,这都是"我以为"。事实上我有不少朋友,我也活跃在好几个圈子里,但我还是觉得不够。"没有人带我玩",这是当年那个五岁半的我,那个小小的我,在一个陌生的环境中,感到紧张,感到孤单,而产生的一个信念。和同学之间的那条线,也是当年那个五岁半的我自己画的,不是别人,是我自己没有跨过那条线对她们说:"我可以加入你们吗?"

了解了这个信念的产生过程,我明白了我是有选择的。我可以选择跨过那条线,加入同学们一起玩,我也可以在我自己的小世界里做我自己喜欢的事情。当我知道自己有选择的时候,感觉特别有力量。再回到现实生活中,原先那种孤单的、没有人带我玩的感受就没有了。我可以主动地去邀请朋友一起玩,我也可以自如地待在自己的小世界里。人之所以痛苦,是因为把自己的念头/想法当成了事实。外在世界其实是我们内在的投影。

人们对事物的看法

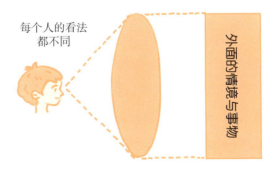

主观诠释

孩子们往往会基于自己对生活经历的理解来做出一些决定，这些决定是他们对自己、对他人以及对周围的世界形成的信念。他们的行为就建立在这些决定之上。鲁道夫·德雷克斯说道："孩子的感知能力很强，但解释能力却很差。"所以他们会产生一些错误的信念。

每个人都根据他自己对事物的看法来塑造自己。遗传和环境都不是决定性因素，只不过提供了一个框架和各种可能性。就好像搭积木一样，同样的积木，有的孩子搭建的是宫殿，有的孩子搭建的却是厕所，同样的积木，搭什么完全取决于孩子自己。所以从这个角度上来看，父母可以放松一些，你可以提供好的原材料，但是搭建房子的那个人是孩子。同时我们要全面观察孩子的成长过程，懂得孩子在成长过程中的心理需求，毕竟童年时的心理问题和心理障碍会影响他以后的人生轨迹。

1.3 孩子行为背后的目的

除了人格的统一性之外，我们还要知道行为有其目的性，总是朝着克服自卑感和追求优越感的方向前进。

在家长工作坊或家庭教育讲座上我会请家长们畅所欲言，在养育孩子的过程中都遇到哪些挑战？很多时候我们都能列一个长长的清单，拖拉磨蹭、爱玩电子游戏、发脾气、打架、说脏话、说谎、顶嘴、不好好吃饭、不去上学……当看到这么一长串的清单，家长们的感受往往是担心、焦虑、甚至无助。

这些令人烦恼的行为，是气馁的孩子保护其优越感的行为模式。阿德勒认为，人类天性中有一个重要的心理现象是对优越感和成功的不懈追求。这个追求与人的自卑感有着直接的联系。因为小时候认知不成熟，加上生理上的弱势，必然在面对困难时有所不安，自卑感也油然而生。个体不能长期忍受处于"下游"状态，因而就会有超越当下的愿望，出现补偿自卑的行动。"优越感"就是指人们克服自卑，从负向正，从下往上的努力动态发展的过程，这个过程也称为"追求优越"。阿德勒将优越感置于很高的地位，他指出每个人的最终虚构目标是为了带给他优越感。

同时，个体在追求优越的过程中，是否朝向有利于社会、对社会有贡献的方向，是阿德勒所重视的。于是阿德勒提出了一个概念，Gemeinschaftsgefühl，这是一个德语词，英文翻译为 Social interest，中文翻译为社会情怀，或是社会兴趣。社会情怀一方面是指"成为群体的一部分"（归属感），另一方面是指，能够对群体做出贡献（价值感）。阿德勒特别强调社会情怀是个人心理健康的重要指标。他说："我们只要去阻碍孩童的社会情怀发展，便能轻易地让他们成为犯罪者。"他还说："培养合作能力是避免儿童产生心理问题最有效的方法。"

如果一个人对社会共同体非常感兴趣，那么他努力的方向将指向其生活的社会有益面，表现为关怀（caring）、同情（compassion）、社会合作（social cooperation）、对共同体的贡献（contribution to the common welfare），并且能够有勇气面对个人的不完美或失败；相反，如果一个人对社会共同体没有兴趣，那么他追求自我中心导向的优越感，他更在意是否赢过他人，追求竞争，也会对被嘲笑、被欺负过于敏感，他们也因此容易产生焦虑、气愤、委屈等自卑的感受。社会情怀虽然是人天生的潜能，但是需要后天的开发与练习，需要不断积累经验才能发展成熟。那么由谁来培育社会情怀呢？答案是家庭和学校。

我曾在一期儿童情商课上和一群三年级的孩子们共读绘本《世界上

根本没有龙》。绘本讲的是一位叫 Billy 的小朋友有一天早上醒来，发现房间里有一条龙，那是一条很小的龙，只有小猫那么大。Billy 去告诉妈妈，得到的回答是"世界上根本没有龙"。于是 Billy 也开始无视这条龙，后来龙越长越大，爬到了餐桌上，把妈妈给 Billy 做的煎饼全吃光了。这条龙越长越大，占据了客厅，甚至把整座房子都占满了，头伸出了前门，尾巴伸出了后门，房子里到处都是这条龙。直到后来 Billy 相信这是一条龙，摸了摸龙的头，龙高兴得摇了摇尾巴，然后，开始变小。很快它又变成了小猫那么大。Billy 妈妈最后说："我不介意这么小的龙。它为什么要长到那么大呢？""我不确定。"Billy 说："但我想它只是希望被注意到。"

读完后，我和孩子们开始讨论这个故事。这条龙有什么不当行为？这条龙是为了伤害别人或故意做坏事吗？这条龙一直以来想要的是什么？从这则故事里，我们可以学到什么？

孩子们众说纷纭，其中一位小朋友说到，当我的妈妈对我很凶但是对我弟弟很好的时候，我就故意捣乱，像这条龙一样。我们每个人都希望自己在家里、在朋友中或在班级里是有归属感的并且是重要的，这是一个人基本的心理需求。

八岁的立立是家里的第二个孩子，每天晚上睡觉前是立立妈妈最头痛的时候。妈妈提醒立立要去洗漱准备睡觉了，立立走向自己的房间，半小时过去了，妈妈看到立立还在房间里看书或画画，她着急地喊道："你快洗漱去啊！别又收拾到那么晚睡！"立立拿了自己的睡衣到了浴室，又过了十分钟妈妈发现他还在浴室里抠脚趾，还没有开始脱衣服呢！妈妈大声吼了起来："都这么晚了，还不快点去洗澡！"立立洗完澡，已经比妈妈预期的睡觉时间晚了许多，洗完澡立立还要吹头发，上厕所，又或是要喝点水，妈妈为此特别苦恼："每天晚上都这样！他为什么不能动作快点呢？"

立立无法回答妈妈的问题，因为他自己都不知道自己为什么要东搞搞西搞搞，就是不快点去洗漱睡觉。我们前面说到，人的行为都有一定的目的，是朝着某个目标前进的。对于立立来说，一天之中妈妈最关注他的时刻，就是睡觉前，这个令妈妈最头痛的时刻。立立用这样的方式让妈妈为自己忙碌，妈妈的着急和吼叫让立立感到妈妈的注意力全在自己这里，妈妈完全关注着自己，立立享受这样的关注，他的行为怎么会改变呢？如果我们想要改变孩子的行为方向，就要先了解孩子行为背后的动机，否则只能徒劳无功。

妈妈了解到孩子的动机，就能意识到自己平时对孩子正向的关注太少，陪孩子玩的时间太少，她可以创造一段时光全身心地陪伴孩子。在孩子睡觉前主动去洗漱给予肯定和鼓励，而放弃对孩子的批评和控制。每个孩子都渴望爱和归属。当他们感受不到爱和归属的时候，就会做出一些不当行为和举动，甚至自己都不知道为什么会这么做（常常是无意识的行为）。这些无意识行为的原因是基于希望自己在某个群体里能够感受到归属感和价值感。

著名的精神医学专家鲁道夫·德雷克斯把儿童的不良行为根据错误目的分为四大类——引起注意、追求权力、报复和自暴自弃。人们常常会问："你怎么能总是把孩子往这些框子里放呢？"德雷克斯就会回答："不是我总是把孩子往这些框子里放，而是我总是在那里找到他们。"当然，他也说到："假如有人能够指出，一个行为不端的孩子有不同于这四个目的的其他目的，我们也会将这个新发现囊括进来。"孩子的这些不良行为并不是针对家长或老师，而只是孩子试图找到自己群体位置的方法。

这四个目的在所有十岁以下的孩子身上都观察得到，对于青少年和成人，也能观察得到，只是在青少年和成人身上的体现是不全面的。青少年还会通过一些诸如抽烟、性行为、英雄主义行为以及刺激性行为等方式去找到自己的位置。

我们来看看这四个小故事。

故事一：吸引注意的小 A

放学回到家了，妈妈陪着小 A 写作业，同时在微信上回复客户的消息。小 A 写两个词，就把头靠向坐在旁边的妈妈。妈妈提醒他："你坐好了写哦！"小 A 坐好后又写了几个词，说："妈妈，我要上厕所。""好的，小 A，你去吧！""妈妈，你帮我擦屁股！""小 A，你都七岁了，你可以自己擦的！"等小 A 出来，他又趴到妈妈的背上，希望妈妈背他到书房，还唱着小时候的儿歌"背背托，换酒喝，酒冷了，我不喝，我还是要我的背背托……"。妈妈把他背过去了，他又要妈妈给他榨个果汁。妈妈有点心烦和着急了，因为做晚饭的时间就要到了。

在这个故事里，小 A 的妈妈似乎非常有耐心，也有爱心。妈妈和孩子也有很好的联结。然而，妈妈却时常因为小 A 的行为感到心烦、着急、担心、内疚。妈妈在小 A 三岁之前忙于工作，却又对不能很好地照顾小 A 而感到内疚，便辞职在家，一边照顾小 A，一边做兼职。但是这样反而更忙了，妈妈看似陪着孩子，却并没有全身心地和孩子在一起。妈妈时常因为孩子忙得团团转，却拿孩子没什么办法。

阿德勒强调，人是社会的动物，每个人在这个社会上会追求两样东西，归属感和价值感。当感受不到归属感和价值感的时候，有些人会表现出不同的偏差行为/不当行为。引起注意几乎是儿童的普遍需求。儿童偏好以有用的方式获得注意，但是如果这种方式不能奏效，他们就会使用无用的方式。孩子相信只有自己受到注意时才会有归属感，他们宁愿被消极地注意，也不愿被忽视。小A便是采取消极的方式来获得注意，实现其价值感和归属感。

如何判断孩子是用有用的方式还是无用的方式在追求价值感和归属感呢？我们可以对照这张错误目的表来看，见下页。

使用错误目的表要最先看家长或老师的感受。小A的妈妈的感觉是"心烦、担心、着急"，再看她想做的行为，是"提醒、哄劝"，小A的行为，是"暂停片刻，又换成另外一种打扰人的行为"，根据这些线索，可以判断，小A的错误目的是"寻求过度关注"，他的内在信念是"只有我让你忙得团团转，我才有归属感。"而他内心真正想说的话是，"看见我，让我发挥作用"。这是孩子行为背后的密码。我们了解了这一点，就可以用鼓励性的回应来应对这样的挑战。

小A的妈妈在学习了错误目的表的使用之后，选择采用的一个鼓励性的回应是，"通过让孩子参与一个有用的任务，转移孩子的行为"。小A妈妈递给小A一个番茄钟，对他说："咱们试试看，你能用几个番茄钟来完成你的作业？"番茄计时法是由意大利人弗朗西斯科·西里洛于20世纪80年代发明的，它的核心理念是将时间划分为一小段一小段，每段时间专注于一项任务，从而提高工作效率。每个番茄钟为25分钟。

妈妈和小A大致讲了番茄钟的使用方法：选择一个待完成的任务，将番茄钟时间调到25分钟（根据孩子的年龄可以调到20分钟或更短的时间，等孩子适应了再增加到25分钟），专注学习或工作，中途不做任何与该任务无关的事情。小A去喝了水，上了厕所，准备好学习用品，妈妈喊："开始！"小A开始进入专注做作业的状态。这是一种仪式感，对小朋友来说，挑战成功也会很有成就感。

错误目的表

1 孩子的目的	2 如果父母感受到	3 倾向做出的反应	4 如果孩子的回应是	5 孩子行为背后的信念	6 大人可能怎样促成了问题的产生	7 密码信息	8 父母/老师积极主动的和赋予力量的回应包括
引起注意(让别人为自己忙碌或自己得到特殊服侍)	心烦;恼怒;担心;愧疚	提醒;哄劝;为孩子做他自己能做的事情	暂停片刻,但很快又回到老样子,或者换成另外一种打扰人的行为;当被给予一对一的关注时才会停止	唯有得到特别关注或特殊照顾时,我才有归属感;唯有让他们围着我团团转,我才是重要的	"我不相信你有能力应对失望。""如果你不快乐,我会感到内疚。"	注意我;让我参与,并发挥作用	通过让孩子参与一个有用的任务获得有用的关注。告诉孩子你要怎么做,而不是"_____"(例如,"我爱你,我关心你,等我会花时间陪你");避免特殊服务;要相信孩子有能力处理自己的行动(不要替孩子解决或解救孩子);安排特别时光;建立日常惯例;让孩子参与解决问题;召开家庭会议/班会;忽略(默默地抚摸孩子);设定一些非语言的信号
寻求权力(我说了算)	生气;受到了挑战;受到了威胁;被打败	应战;投降;心想"你休想逃脱"或"我要制服你";希望自己能做对	变本加厉;虽然屈从,但内心不服;看到父母或老师生气就觉得自己赢了;消极对抗	唯有当我说了算或由我来控制,或者证明没人能指使我时,我才有归属感。你强迫不了我	"由我来控制,你必须按我说的去做。""我相信,该做什么,告诉你要你没有去做时,说教和惩罚,是激励你变得更好的最佳办法。"	让我帮忙;给我选择	承认你不能强迫孩子,引导孩子把权力用在积极的方面;提供有限制的选择;既不斗也不让步;从冲突中退出,让自己冷静下来;和善而坚定;只做,不说;决定你要怎么做,常做例说了算;培养相互尊重;运用合理的限制;召开家庭会议/班会;孩子帮助设立一些合理的限制;坚持到底

第一章 "我是被理解的！"
父母如何"看见"孩子，理解他的感受和需求

续表

1 孩子的目的	2 如果父母感受到	3 倾向做出的反应	4 如果孩子的回应是	5 孩子行为背后的信念	6 大人可能怎样促成了问题的产生	7 密码信息	8 父母/老师积极主动的和赋予力量的回应包括
报复（以牙还牙）	伤心；失望；难以置信；憎恶	反击；以牙还牙；心想"你怎么能这么对我"；认为孩子的行为是针对你自己的	报复；伤害别人；毁坏物品；扳平；程度加剧；同样的行为升级或选择使用别的武器	我没有归属感，所以当我感到伤心时，伤害别人；没人喜欢我或者爱我	"我给你建议（而没有倾听你），因为我是在帮你"；"我希望你明白我为什么关注你的成绩，多于关注你这个人。"	我很伤心；认可我的感受	认可孩子伤心的感受，不要认为孩子的行为是针对你的；通过避免惩罚和还击，走出报复循环；建立信任；运用反射式倾听；表达你的感受；做出弥补；表达你对孩子长处的关心；只做，不说；鼓励孩子们；同等地对待孩子；召开家庭会议/班会
自暴自弃（放弃，且不愿别人介入）	绝望；无望；无助；无能为力	放弃；替孩子做他们能做的事；过分帮助；表现出对孩子缺乏信心	更加退避；变得消极；毫无改进；没有响应；避免尝试	我不相信我能有所归属，所以，我要说服别人对我不寄予任何期望；我无助又无能，既然我怎么都做不好，努力也没用	"我期待你能达到我的高期待。""我认为做事情是我替你的责任。"	不要放弃我；让我看到如何迈出一小步	把任务分解成小步骤；把任务变得容易一些，直到孩子体验到成功；设置成功的机会；花时间训练孩子；教给孩子技能，并做出示范怎么做，但不能替孩子做，停止所有的批评；鼓励任何积极的尝试，无论多么小；关注孩子的优点；不要怜悯孩子；真心喜欢孩子；以孩子的兴趣为基础；召开家庭会议/班会

资料来源：《正面管教家长讲师指南》

等到 25 分钟结束，听到铃声，就可以休息 5 分钟，再开始下一个番茄钟。做完四个番茄钟之后，可以休息 30 分钟。随后，小 A 很兴奋地对妈妈说："妈妈，我只用了不到两个番茄钟的时间，就完成了作业！"妈妈适时地鼓励小 A："真不错啊！你是怎么做到的？"

同时，小 A 妈妈也学习到，对情感联结的需求是孩子最基本的需求。孩子需要与他人建立有效联结，让他们感受到"我被爱"，觉得自己有归属感。情感联结缺失的时候，孩子会表现出各种恼人的行为，来获得父母的注意。小 A 妈妈意识到这一点，反思自己很多时候虽然人陪着孩子，其实心思还在没有回复的客户消息那里。妈妈和孩子约定了每天有一段专属于他们的"特殊时光"，在这段时间里，孩子想玩什么，妈妈就放下手机，全身心地陪孩子一起玩。与此同时，妈妈也学着放手，相信孩子有能力处理自己的情绪，不再像以前那样，小 A 有一点点不开心，妈妈就很内疚。

这样调整一段时间之后，小 A 对自己越来越有信心，不再黏着妈妈，他也变得独立，发展出自理能力。同时，小 A 妈妈的感受也是愉悦的、轻松的。她能够更好地帮助小 A 用正向的方式寻求归属感和价值感，而不是通过不当行为。

故事二：寻求权力的小 B

小 B 是一名五岁的小男孩，他拿出一本英文绘本让妈妈给他读。妈妈翻开第一页，"blue"，她开始读道。

"我不要你读英文，要用中文读。"小 B 说道。

"这是英文绘本，我要先读英文。"妈妈解释道。

"不行！就要读中文！"

"我第一遍读英文，第二遍读中文。"

> "不行！就要读中文！"小B固执地说道
>
> "那就不读了！要我读，我只读英文。"妈妈此时有些生气了，她受到了挑战，而她做出的反应是坚持自己的意见。
>
> 小B眼里噙满了泪水，哽咽着说："我最喜欢蓝色。我就要读中文！"小B的回应是毫不妥协，坚持到底。
>
> 妈妈陷入了挫败、被挑战的情绪之中。她不得已做出了妥协："那行！blue读中文，其他都读英文。"
>
> "还有红色也是我喜欢的。也读中文。"小B依然坚持着。
>
> "那就不读了！"
>
> 此时小B哇的一声哭了起来！

我们同样对照错误目的表来探究孩子的目的。这个场景里，妈妈感到了"挫败，被挑战"，妈妈倾向的行为是——我是正确的！阿德勒在洞察人际关系的互动细节时说道："人在人际关系中一旦确信'我是正确的'，那就已经步入权力之争。"在这个事件里，妈妈坚持这是英文绘本，就要给孩子读英文，也能让孩子学习英文，这是她"正确"的想法。正因为她太"正确"，而显得五岁的小B的提议是一个错误。当小B体验不到"我有能力"的感受时，他会觉得自己很无助，于是他会特别渴望自己缺失的一部分，他的外在行为就会表现为与成年人对抗，只有当自己说了算，才有归属感和价值感。所以小B也不依不饶，坚持就要听妈妈读中文。母子二人陷入了权力之争。

在孩子反抗或挑战时，父母会觉得被激怒，使用权威来压制孩子的要求。这样只会加深孩子对权威的印象，认为权威很有价值，更会形成这样的信念——唯有当我说了算或者我来控制，我才有归属感。这个时候，往往家长压制的力越强，孩子反抗的力也会越强。

小B妈妈学习了错误目的表之后，了解到孩子内心真正的渴望是"让我帮忙，给我选择"，这是对于能力感的需求。于是小B妈妈不再和孩子硬碰硬，而是选择从冲突中退出，让自己先冷静下来，然后和善而坚定地对小B说："你来挑选一下，我们今天读哪几本英文绘本和哪几本中文绘本？"接下来小B从书架上选了几本，愉快地和妈妈一起进行阅读。

阿德勒在一百多年前提出"横向关系"，关注人与人之间的平等、尊重、合作，这几个词看似容易，做起来却很难。传统的中国家庭里，很多家长不知道他们跟孩子的权力边界在哪儿，他们认为，孩子是我的，我就对他有支配权。孩子不听话的时候，我是可以教训他的。父母和孩子之间，是自上而下的"纵向关系"，没有平等、尊重、合作，这就很容易导致在亲子之间发生冲突时，家长总想赢了孩子，而不是"赢得孩子"。一来二去，权力之争不断，不仅影响亲子关系，也会引发孩子更多的挑战行为。

故事三：报复的小C

有一天，妈妈去超市买了各种食品回来，小C看到妈妈买了意面，他说他要吃意面。妈妈说："不行！意面是明天吃的。今天晚上的饭和菜我都已经准备好了。"小C不同意，坚持要吃意面。妈妈依然坚持说不行，今天的饭菜已经准备好了，如果不吃就太浪费了，意面可以明天吃。

小C立刻眼圈就红了，伸手过来打妈妈，打得妈妈很痛。他一边打，一边叫道："你这个坏妈妈！"妈妈拦着他，把他的手拿开，喊道："你胆子大了呀你！怎么可以打妈妈，打得妈妈好疼！"小C不理睬妈妈的话，继续用脚踢妈妈。

第一章 "我是被理解的！"
父母如何"看见"孩子，理解他的感受和需求

在这个故事里，小C妈妈的感受是"伤心、失望、难以置信"，妈妈倾向于做出的反应是：反击（拦着孩子），心想："你怎么能这么对我？"再看孩子的回应，孩子继续用脚踢妈妈，反抗程度加剧。根据这些表象，我们可以判断小C的目的是"报复"。报复是感到气馁的孩子寻求归属感的第三个错误目标。往往是当父母和孩子的冲突逐渐在权力之争中升级，而孩子觉得他们不能击败父母，就会改变对权威的渴望，而转为发展出报复的行为。

小C只不过是想要吃意面，但是妈妈快速地拒绝，让小C认为妈妈不爱自己了，他没有被理解和接纳，他认为自己没有价值。所以，他的价值感要通过伤害人来体现。而他行为背后的密码，他真正想说的话是"我很伤心，我需要你认可我的感受"。

我们和孩子互动的每一个时刻，要么是增长了孩子的信心，帮助他发展出人生成功幸福所需的品格和能力，要么相反，让他发展出不良的人生态度和社会归属感。很显然，在这个故事里，小C妈妈是怎样促成了问题的产生呢？妈妈没有认真倾听小C的想法，而是直接给出建议。相比关注孩子个人的感受，妈妈更关注的是事情正确与否。这也是大人的行为间接地促成了问题的产生的原因。

德雷克斯曾反复说过："一个行为不当的孩子，是一个丧失信心的孩子。"如果我们看不到这一点，只针对行为本身，可能会因为孩子的"不当行为"而又把孩子"教训"一顿，用更加没有联结的方式将孩子推开。亲子之间因此陷入了报复循环，久而久之，就会失去信任。

幸运的是，小C的妈妈也是我们的家长课堂学员，她系统地学习过，也知道如何使用错误目的表。那一刻，她心里很明白，小C已经表现出了"错误目的表"的第三个错误目的——报复。妈妈最需要关注的，是孩子受伤的感受。

妈妈对正要下楼的小 C 说："妈妈抱抱好吗？"小 C 立刻转身，飞速地投入妈妈的怀抱。可见孩子是多么渴望妈妈的一个拥抱。

妈妈紧紧地抱着小 C，什么话也没说。一个拥抱，把母子之间断开的联结又重新联结上了，也让妈妈平静下来，开始反思。随着孩子越来越大，妈妈和孩子之间很容易陷入权力之争。而当孩子在无法通过权力之争获得归属感和价值感时，他会报复。他的行为是在告诉父母，我受伤了，请在乎我。当父母不再针对孩子的不良行为，而是处理孩子行为背后的原因——丧失了信心，这个时候，他们就能帮助孩子改变行为。

妈妈抱着小 C，同理他的感受："你看到我买了意面回家，很想立刻就吃。"小 C 使劲点头。妈妈也说了自己的想法："我下午出门前已经把米饭和菜准备好了。如果我们晚上不吃，就会浪费。我不喜欢浪费。"

小 C 说："那你给我煮一点点意面。我也吃米饭，也吃菜。"妈妈说："好！"妈妈和小 C 增进了理解，恢复了良好的亲子关系。

每一次挑战都是一次发展出孩子品格和技能的机会。通过这个拥抱，小 C 感受到自己是被爱着的。通过拥抱营造出鼓励的气氛，从而使孩子变得愿意接受指正了。他也从中学会如何同理别人，如何解决问题等，这是未来需要的品质。需要注意的是，拥抱也需要把握时机。有时候，孩子因为太气愤而不肯拥抱的时候，不要强抱。你可以说："等你感觉好了我们再抱吧！"很多时候，我的家长学员告诉我，当他们这么做时，孩子通常会跟过来，要求抱一抱。

至于妈妈为什么一开始那么快速地拒绝孩子要吃意面的需求，这和妈妈自己的信念与局限有关。我们将在后面的章节里，解释一个人的信念是如何形成的，又是如何影响到我们成年后的关系的。

第一章 "我是被理解的！"
父母如何"看见"孩子，理解他的感受和需求

故事四：自暴自弃的小D

小D的妈妈被老师叫到学校面谈，老师告诉妈妈，学期快要结束了，本学期几次单元测验，小D的英语一次都没有及格过，希望妈妈在家里也多上点心，多辅导孩子的作业。妈妈回到家里，对小D唉声叹气说："你怎么就这么让人不省心呢？今年还给你请了最好的英语家教，还是不及格……你来说说是怎么回事儿？"

无论妈妈说什么，小D总是低着头，一言不发。妈妈嘀咕着："学习也不行，体育也不行，真不知道你还能做什么。"

妈妈是公司里的业务骨干，把家里上上下下也打点得很好，是公认的好妻子、好儿媳，但是一面对小D的成绩，妈妈就感到"绝望、无助、无能为力"，她甚至想"放弃"，孩子也变得更加消极，毫无改进。

这样的孩子，是一个彻底气馁的孩子。他们尽量不去尝试，不去努力，是为了避免失败。孩子对自己的错误信念，来源于一系列挫败的经历。这些孩子的家教往往有点严格，然而孩子却没有如父母期望那样，有完美得体的表现，甚至适得其反。如果孩子一直被较高地要求，没有被允许有试错和成长的空间，他们就会很有挫败感，久而久之，就会变得习得性无助，彻底气馁，自我否定，自暴自弃。基于"我无助又无能"这样的错误信念，他们往往表现为更加退避、逃避，而背后真正想说的话是，"不要放弃我，让我看到如何迈出一小步"。

对于小D这样"自暴自弃"的孩子，帮助他们把任务分解得容易一些，让他们体验到成功非常重要，同时，要鼓励他们任何积极的尝试。父母要相信，哪怕是最糟糕的情况，也有值得鼓励的地方。

小D的妈妈在了解到孩子行为背后的目的之后，开始用鼓励来回应小D。她像侦探或是猎人一样，去寻找孩子的闪光点，把注意力放在好

的方面。孩子拿着不及格的试卷回到家,她不像往常那样说:"你怎么这么简单的题也会失分?""你怎么就不能好好学呢?"她换了一种鼓励性的回应:"这次测验比上次多了5分,你是怎么做到的?""这次考了59分,只差一分就及格了!有进步。"小D妈妈也会去帮助孩子把学习任务分解成小步骤,把任务变得容易,让孩子能体验到成功。随着小D妈妈停止所有的批评,把关注点放在孩子细小的进步上面,鼓励孩子的努力,小D不仅成绩提高了不少,而且脸上的笑容也多了起来。

鼓励能滋生勇气,有勇气的孩子会觉得人生有希望。他们愿意努力,愿意承担风险,并相信自己能够应对具有挑战性的情况。父母也要明白一点,我们爱孩子,并不是因为他做了什么或者没做什么,而是因为他就是他,他的存在就是贡献。

通过上面四个小故事,我们讨论了孩子行为背后的四个错误目的。无论不当行为是为了什么目的,孩子之所以这么做,是因为他们相信只有通过这种方式,自己才能在团体中找到一席之地(归属感),只有用这种方式,自己才有价值(价值感)。所有人的首要行为目的都是归属感和价值感。孩子们(以及很多大人)之所以会在上述四个错误目的中选择一个或几个,是因为他们相信:

(1)寻求过度关注——错误观念:只有在得到你的关注时,我才有归属感。

(2)寻求权力——错误观念:只有当我说了算或至少不能由你对我发号施令时,我才有归属感。

(3)报复——错误观念:我得不到归属感,但我至少能让你同样受到伤害。报复会使他们在没能获得归属感和价值感的经历中受到的伤害得到补偿。

(4)自暴自弃——错误观念:不可能有归属感,我放弃。放弃是他们的唯一选择，因为他们真的相信自己不够格。①

四个错误目的就好像中医的针灸，找到穴位，才好下针，一针一探索。明白了孩子不良行为背后这四个错误目的，我们就有了解决问题的方向和方法。若想要孩子改变他们的行为，首先要改变父母自己的行为。每当孩子带来挑战的时候，留意自己的感受以及自己倾向于做出的反应，再根据孩子的回应来推断孩子是何种错误目的，从而采取相应的鼓励性的回应。

当我们意识到孩子是寻求过度关注，我们就要知道他可能对于情感的需求缺失了，他们宁愿被消极地注意，也不愿被忽视。那作为父母，就可以通过优质的亲子时光来建立和孩子的联结，通过让孩子参与一个有用的任务来获得积极的关注，通过共情来让孩子感受到被理解……

当我们意识到自己和孩子陷入了权力之争，我们就要知道他对于"能力感"的需求缺失了。"权力之争通常出现在父母强行制止孩子要求关注的行为后，孩子会尝试通过权力之争来击败父母，从拒绝父母的正当要求中得到满足。"（《孩子：挑战》）。这时候，我们需要退出战争。通过请求孩子的帮助，将消极权力转为积极权力，孩子需要感受到"我是有能力的"。

当我们意识到孩子想要通过伤害他人寻求报复，我们就要知道权力的争斗可能在父母和孩子之间已经持续了很久。在孩子觉得他们不能打败父母时，会转而改变对权力的渴望。他们觉得很受伤，他们需要感受到自己很重要。作为父母，我们需要认可他的感受，避免惩罚和还击，从而走出报复的循环。

当我们意识到孩子自暴自弃，我们就要停止所有的批评，去鼓励他

---

① 上述四个错误目的所对应的错误观念见《正面管教》[美]简·尼尔森著，第59页。

的一丁点细小的进步，让他体验到"做到了"的喜悦，建立自信。

还有更多的方向和方法，将在接下来的章节里具体阐述。通过满足孩子的四个基本需求，我们不仅能帮助孩子发展出和谐社会需要的品格和能力，得到社会归属感，也会让孩子觉得自己是被理解和被爱着的。

1.4 发育中的大脑

妈妈带八岁的小 E 去上架子鼓课，课程结束正要离开时，小 E 站在培训中心门口，他指着前台的一排彩色鼓棒，希望妈妈给他买。

妈妈说："你不是有鼓棒吗？那鼓棒和你现在的鼓棒有啥不一样？"

"我就要嘛！我就要！"小 E 不依不饶。

"你要先告诉我有什么不一样。我们有需要才买。"妈妈解释道。

"不，我就要！我就要！"他张开双臂拦着，不许妈妈走。

妈妈被他的动作惹恼了，也感到有一点尴尬。妈妈说："走，走，我们到一边去说，不要堵在门口了。"妈妈拉着他到了一旁，但是双方仍然僵持着，一个要买，一个非不给买。教架子鼓的老师刚好出来，他看到这一幕，说："等你练好了，老师送你一副鼓棒！"

妈妈重复了老师的话，但是小 E 仍然不同意。他几乎是歇斯底里地喊道："我就要买！我就要买！"他拉扯着妈妈的衣服，不让妈妈走，喊道："你这个坏妈妈，臭妈妈！没有哪个妈妈像你这样，你的孩子要买东西都不给他买，你的孩子生气你还更生气！"

那一瞬间妈妈的火也冒上来了，她把小 E 的两根鼓棒扔到了地上，吼道："好啊，把这两根鼓棒扔掉，我去给你买新的！"妈妈不管不顾

第一章 "我是被理解的！"
父母如何"看见"孩子，理解他的感受和需求

朝前走去，小E捡起鼓棒，追在后面，一边哭着说："呜呜……妈妈一定是不爱我了！妈妈一定是不再爱我了！"

小E的歇斯底里是可以理解的，毕竟他只有八岁。八岁的孩子在遭遇不顺时控制不住自己的情绪和行为是正常的。所有的孩子都会有情绪失控的情况，有的孩子爆发得频繁些，有的孩子不常爆发，但无论频率如何，情绪失控在童年期都是正常的。他们也有意无意地学会了如何惹恼父母，导致父母因此气急败坏。这些是如何发生的？美国心理学家与脑科学家丹尼尔·西格尔博士有一个研究，他创造性地将人的手掌比作大脑，帮我们理解人的大脑是如何工作的。

请你伸出一只手，将大拇指弯曲叠向手心，再把其他手指覆盖在拇指上，这个与大脑结构基本相似的模型，就叫"手掌大脑"。

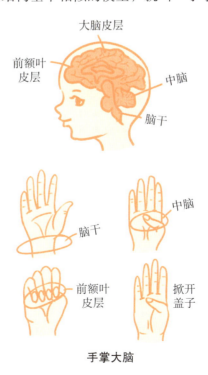

手掌大脑

把四个手指翻开，露出中间的大拇指，这被称为"原始脑"或者"动物脑"，它掌管着人的一切动物本能，饿了想吃，困了想睡。原始脑里那个名为"杏仁核"的组织在感到不安全时会发出警报，诱发大脑其他组织分泌出大量激素。它会根据不同情况，给人体下达"战斗"或"逃跑"的命令。心脏会跳得更快，血液也会将氧气和糖分带到各个器官，肌肉绷紧，为快速奔跑或攻击做好准备。当孩子的身体承受这些压力时，有时候会表现为大哭大闹、扔东西、又打又踢等，这些都是像动物一样受到攻击时会做出的本能反应。

覆盖拇指的四根手指对应的是大脑皮层，大脑皮层在大脑顶部。四个指甲盖的部分，叫前额叶皮层，对应的是我们眉毛后面那一块区域。它掌管的是最高级的大脑功能，比如逻辑分析、理性思考等，我们称之为"理智脑"。当它覆盖住拇指的时候，就是理智脑在起作用。

而当我们遇到危险、压力或者受到刺激时，"大脑盖子"掀开，前额叶皮层不工作，"动物脑"开始工作。然后，我们的动物本能开始显现，就会做出一些失去理智的行为。

了解手掌大脑的概念，并不是说让我们永远都合上"大脑盖子"，这是不可能的事情。每个人都会有情绪产生的时候，了解手掌大脑，是让我们对自己情绪更有认识。不要激活自己和孩子的杏仁核，而要将他的注意力转到问题本身。当意识到自己的"大脑盖子"就要打开，可以暂停，或是做几个深呼吸，用一些方式让情绪平复下来，这就是情绪管理的开始。

了解了大脑是如何工作的，我们便能理解小 E 为何只会说"我就要"。他只会用过激的哭闹行为来表达他对于新鼓棒的渴望，他还不会表达"有颜色的鼓棒更好看一些。而且，我的鼓棒也有些旧了"。还有前文里提到的婷婷，她只会说"不许吃！"，她还不会表达"因为里面有我爸爸的口水，吃了口水会生病，所以不能吃"。

孩子并不是成心和父母作对，而是孩子的大脑还处在发育之中，他们理解事物的方式和成人不同。

影响孩子情绪的还有他的身体状况、能量状况。中国教育部发布的"睡眠令"明确要求小学、初中、高中学生睡眠时长应分别达到 10 小时、9 小时、8 小时。但《2022 年中国国民健康睡眠白皮书》显示，小学、初中、高中学生的平均睡眠时间分别仅有 7.65 小时、7.48 小时、6.5 小时。中国 6~17 周岁的儿童青少年中，超六成睡眠时间不足 8 小时。父母和学校出于对美好未来的期待，希望孩子学习好，课外生活也尽可能丰富多彩，还有要和家人共处的时间，结果却牺牲了最重要的睡眠时间。睡眠时间不足是一个很大的问题，因为睡眠对大脑和身体的平衡很关键。没有充足的睡眠，大脑和各种身体机能都会受损，比如专注力、记忆力、学习力、保持耐心和灵活性的能力，甚至我们吃进去的食物都不能正常消化。

如果没有充足的睡眠，孩子的情绪更容易反复无常，自我调节的能力和解决问题的能力都会减弱。所以，要想办法让孩子晚上尽量多睡觉。日程表不要排得太满，创建舒适安静的睡眠环境，更重要的是，让孩子在睡前有一个放松的、安全的心理感受。如果睡觉前的氛围像打仗一样让人紧张或恐惧，孩子的大脑会把消极情绪和睡觉联系起来，往往变得更加抗拒睡眠。睡觉前最好有亲子阅读、睡前悄悄话等亲密的时光，和父母的联结会让孩子更快、更平静地入睡。而充足的、高质量的睡眠能让孩子的情绪更平稳，更好地调节自己的行为。

作为父母，如果我们想让孩子保持良好的自我调节能力，情绪更平稳，就要去完成两项主要的任务。第一，通过充足的睡眠、有营养的食物、适量的运动、全身心陪伴的优质亲子关系，扩充孩子的心力，让孩子处在平衡的状态；第二，当孩子在情绪中时，帮助他们回到平衡的状态。

在多数情况下，当孩子失去平衡而失控时，父母最有效的回应方法是充满理解的倾听和引导。很显然，在这个故事里，妈妈是怎样促成了问题的产生呢？妈妈没有倾听小 E，直接给建议，妈妈认为自己是在帮小 E。但是在小 E 的感知里，妈妈看重事情多过自己这个人，这就容易让孩子感到受伤。这个时候，妈妈应该做的是认可孩子伤心的感受。

当妈妈开始倾听小 E，只不过是多问了一句话："看上去你特别想要这副鼓棒，你是怎么想的呢？为什么一定要今天买这样一副鼓棒？"仅仅是这样一句询问，孩子的情绪就逐渐平复，妈妈的情绪也趋于平复了。小 E 告诉妈妈："我就是觉得有颜色的鼓棒更好看一些。而且，我的鼓棒也有些旧了。"这个时候，当妈妈提到鼓棒用旧了再去买新鼓棒，小 E 就能理解了。这种交流的策略需要我们先和孩子建立联结，再试图教育或解决问题。在本书的第二章里，我们会有大量篇幅讲到如何回应孩子的情绪。

1.5 妈妈定了，局面就定了

当一个人处在情绪中的时候，动物脑在工作，理智脑没有工作，这不是解决问题的时候。而当一个人处在情绪平静的状态下，会更有智慧去应对和孩子在一起的每一个挑战。

2014 年 11 月的某个凌晨，在我们家，上演了一段"鸡飞狗跳"的片段。凌晨四点，当时刚刚满三岁的哥哥伟博醒了，哭着从奶奶的房间跑到我们的房间，要和妈妈一起睡。我搂着伟博安抚他的时候，弟弟小树也醒了，哭了，要吃奶。小树还不到两个月。我对伟博说："小树哭了，妈妈要去喂小树了。"伟博哭着说："不行！不行！"我又说："妈妈喂小树，让爸爸抱着你睡。"伟博不同意。"要不妈妈坐着喂小树，你还是睡在妈妈旁边？"伟博依然不同意。

我特别困，听见小树哭，又很着急，心里想着快点给小树喂奶让他安静下来，对伟博的话里也充满了着急。我意识到这一点之后，让自己平静下来。我问伟博："伟博，小树哭了，我们可以做什么来帮助他呢？"我以前这么问过，伟博都会说妈妈你去喂小树吧！我问完这句话，伟博没有说话，也没有再闹。我静静地等着他。

然而这个时候，爸爸沉不住气了，因为小树还在哭。爸爸说："来，来，来这边喂他。"这么一说，伟博立马又哭了起来："不行！不行！"爸爸瞬间更着急了："你这孩子怎么这样啊！"这样一说，伟博开始更大声地哭了起来。看到伟博已经被安抚好的情绪又被爸爸这样的态度点燃，我很生气，挥起拳头揍了爸爸一下。而此时小树哭得更厉害，伟博也还在哭。两个大人都气急败坏，场面混乱极了。

我叫爸爸把小树抱起来拍拍，爸爸抱小树下床，我继续和伟博说："我们上次看《彼得的椅子》，彼得又有一个小弟弟了……"我开始用绘本里的故事给伟博讲道理……那天凌晨最后的结果就是，直到伟博慢慢哭着睡着之后，我才得以给小树喂奶。我和爸爸，我们两个人都很疲惫。

后来，在一次正面管教家长课堂的 PHP 环节，我把这个挑战提出来。PHP（Parents Help Parents，家长帮助家长）是处理实际挑战的一种方式。由一位志愿者分享自己真实的、一手的、尚未解决的挑战，现场进行两轮角色扮演。第一轮是挑战的情景重现，家长们进行头脑风暴，帮助志愿者找到解决办法；第二轮是将头脑风暴找到的新方法通过角色扮演的方式演出来。通常，不仅志愿者能得到帮助，在场的其他家长也会有收获。

整场角色扮演下来，我听见每一个角色扮演的志愿者描述他们的感受。妈妈都是心疼、着急、焦虑、生气和无助。爸爸也是累、着急，看到两个孩子都哭了，他也很焦虑，无端端地被老婆打了一拳，有些生气却又无可奈何。

伟博是渴望得到妈妈的爱的，他因为被安置在奶奶的房间睡觉，于是哭着来找妈妈。可是妈妈因为听见弟弟哭了，却着急地要把他快快"推开"，去喂弟弟，他感到伤心和难过。被爸爸"责备"时，他又有委屈。于是，他不让步，用更加哭闹的方式来寻求"爱"和"归属感"。

了解了每个人的感受和想法，便能理解他们的行为，也知道了问题所在。后来，大家一起进行头脑风暴，给出解决方案。比如：

备好夜奶，小树哭的时候可以先喝夜奶；

平时增加和伟博的亲子时光；

妈妈深呼吸，让自己平静下来；

妈妈对伟博说爱的语言："即使妈妈给弟弟喂奶，妈妈也是爱你的。""爸爸妈妈爱你比弟弟多三年呢。"

……

原来，解决办法有这么多！导师 Elly 当时对这场 PHP 总结的一句话也令我茅塞顿开，她说："妈妈定了，局面就定了。"

两周后，凌晨，同一幕上演。不同的是，这次我很平静，爸爸也不焦虑，没有预设，没有劝。我只是平静地描述了事实："小树哭了，他可能是饿了。"同时我对伟博说："即使妈妈给弟弟喂奶，妈妈也是爱你的。"

第一章 "我是被理解的！"
父母如何"看见"孩子，理解他的感受和需求

我听见伟博说："妈妈，你给小树喂奶吧。"

事情还是同样的事情，因为我是平静的，传递给家人的感觉是定的，所有人的感觉都很好。感觉好，自然做得好。

面对同样的挑战，不同的情绪带来截然不同的两种结果。

有一次，弟弟喊牙痛，一直要我抱着。我拿出手机准备打车去医院，把他放下来站在地上，他不肯，大哭大闹。那是一个雨天，出了地铁口我一手撑伞一手抱着他去的医院，胳膊都酸了，我的身体并不在最佳状态。在他大哭大闹的过程中，我意识到我的"大脑盖子"也即将打开，于是深吸了一口气，让自己平静下来。我猜测他也许是因为牙痛而烦躁，一个最不可爱的孩子，是一个最需要爱的孩子。于是任他怎么哭闹，我也没有烦躁。他哭了一会儿，很神奇地，他就平静下来了。哭，对于孩子的情绪是一个很好的出口。然而如果我当时不是平静的，是决然不会有这些智慧和心理空间来接纳他的情绪。

还有一次，哥哥因为到了睡觉的时间却还要听绘本故事而哭了起来。他不断地重复："我就要听！我就要听！"并把被子踢走了。整个他哭闹的过程中，我也留意到我的"大脑盖子"，然后平静地等待了一会儿。等到他的情绪稍微好一点了，我从背后抱住他，对他说："你看上去很生气，想要听绘本故事但是妈妈不同意。如果我们再早一点上床该多好啊，就有时间听故事了。你刚才哭得很伤心的样子也让妈妈很心疼，妈妈爱你。"我把脸贴到他的脸颊上，他很快平静了下来，不一会儿他睡着了。

如果我对自己的情绪没有认识，有可能会依赖于过往经历在我大脑中留下的印记做出反应，我可能会对孩子大吼大叫，甚至像我父亲当年对待我一样，命令孩子"不许哭！"强烈的情绪反应会削弱我们理智思考的能力，影响我们的教养方式。而我们这些过度反应的行为，势必会

给大脑尚处于发展中的孩子带来压力。已经有许多研究表明，如果孩子在大脑发育的过程中暴露于压力之下，各种激素的正常分泌都会受到影响，将会导致大脑结构发生根本改变。

一个孩子的前额叶皮层直到 25 岁才发育完成。也就是说，在 25 岁之前，孩子的大脑一直处于发展过程中。孩子越小，前额叶皮层发育得越不完善，这也是为什么越小的孩子越不能做到理智思考，越小的孩子越容易"无理取闹"。

当一个孩子表现出无理取闹、大哭打闹等行为，我们要知道他此刻是"大脑盖子"打开的状态，是处于压力下的大脑的外在表现。这个时候，任何说教或威胁的方式对孩子是行不通的，孩子没有办法冷静思考，就算是用强硬的方式制止了哭闹，孩子也没有真正"平静"，压力没有缓解，下一次遇到类似的情况，他的情绪可能爆发得更厉害。所以父母要做的是让孩子的情绪平静下来。先解决情绪，再解决问题。

丹尼尔·亚蒙在他的著作《超强大脑》中提到："在一个儿童的前额叶皮层发育完成之前，父母就是他的前额叶皮层。"在遇到孩子发火的时候，我们可以深吸一口气，温柔地冲他笑笑，摸摸头，或是给他一个拥抱，倾听他发泄出的情绪。无论孩子如何无理取闹，父母情绪稳定，会帮助孩子慢慢平静下来。

也许你会有担心，他做错了事，我还这么对他，不会"助纣为虐"么？请你回想孩子还是小婴儿的时候，他饿了、渴了或是困了的时候他也会闹情绪，这时候你是怎么做的呢？你会用一块饼干或者一个拥抱来哄哄孩子。当你的孩子七岁或八岁再闹脾气的时候，我们也依然要温柔地对待他。待他情绪平复了，回到"理智脑"的时候，再去和他商量 / 解决问题。当一个孩子能在生活中得到许多关爱，他就会觉得有安全感，也更愿意合作。

脑神经科学是一门很大的学问，本书提及的内容只是沧海一粟。对此有兴趣的读者，不妨去研读丹尼尔·西格尔博士的相关书籍，相信你会了解到脑神经科学的全貌，获得更多理解孩子的锦囊。

1.6 横向关系是有效养育的基础

不少家长和老师会问一个普遍的问题，为什么现在的孩子比我们那时候更难管教？不听话、做事拖拖拉拉、容易顶嘴、爱玩电子游戏、拒学、厌学……2022版"心理健康蓝皮书"《中国国民心理健康发展报告（2021—2022）》显示，超80%的成年人自评心理健康状况良好，抑郁风险检出率约为1/10。青少年群体有14.8%存在不同程度的抑郁风险，高于成年群体，需要进行有效干预和及时调整。这个社会发生了什么？

近三十年来，我们的生活水平发生了很大的变化。有人说，"中国用二三十年的时间走完了欧美两百年的路"，我们上一代人的目标还是学习基本生存技能，解决温饱问题。如果说他们是在"求生存"的阶段，那我们这一代人就开始"求发展"，我们开始学习更多知识和技能，与世界接轨，整个社会秩序也在发生剧变。

在变动的社会体系中，孩子的成长环境，比起我们小时候，也更加复杂，因为干扰源太多。我们小时候也有干扰源，比如电视、电脑。但是现在智能手机里的信息载量比起电视而言大太多了，尤其是游戏，成瘾性极强。成人尚且不能摆脱游戏和短视频的诱惑，何况大脑还没有发育成熟的孩子？他们是赢不了手机的。这些外在的干扰源会对孩子的大脑发育产生影响，不利于孩子学会专注，也影响情绪的稳定。

教育内卷是当代中国教育面临的一个普遍问题。学生们为了争取更好的成绩、更好的学校和更好的未来而进行激烈的竞争，这种竞争已经导致了严重的问题，如过度的课业负担、普遍的补课现象、教育不公平等，这让学生和家长都承受了过多的压力和负担，对心理和身体健康的影响加剧。政府已出台了不少政策来减轻学生的课业负担、改善教育资源分配、提高农村地区的教育水平，使学生有更平等的机会接受教育。然而，改革还需要长期的努力。

除了外在的大环境，还有孩子所处的小环境的影响。教育内卷与家庭和社会价值观的变化也有关。随着中国社会的发展和变化，家长们对于教育的期望也在不断提高。他们希望通过教育来提高孩子的社会地位和经济水平。这种观念使得家庭对孩子的期望和教育投入进一步提高，导致了教育的内卷化。家长要改变自己的教育观念，不要将学生的成绩作为评价的唯一标准，鼓励孩子们多参加社会活动，培养全面发展的能力。随着 AI 技术的发展，我们必须要重新思考，什么才是我们作为人类不可被替代的技能。

同时孩子也受到社会发展和变化的影响，他们民主和独立的意识越来越强。他们对于父母给他们强加的权威感到厌恶，甚至不惜通过反抗父母的强权来展示自己的力量。而这一代父母成长于相对严格、家长制的环境中，在这样的环境里，父母习得的养育方式是顺从父母、要听话，甚至"棍棒底下出孝子"。他们会认为，孩子是我自己的，我跟他之间就是一种自上而下的关系，用不着小心翼翼——这就将现代父母带入一个两难的境地。

我们需要明白，过去那种自上而下的纵向关系是行不通了，取而代之应该是横向关系。阿德勒心理学反对一切"纵向关系"，纵向关系往往有高低贵贱之分、有上下级关系、有能力高低之分。例如在过去，老板对工人、教师对学生、成人对孩子、甚至男人对女人，都是自上而下的纵向关系。在这样的关系里，处于上层的人想要保持地位，凌驾于处于下层的人之上，他们会采取什么方法呢？他们通过控制、威胁、奖励、惩罚等来保持地位。而处于底层的人如果试图改变等级制度，可能就会起义、反抗、革命，引起混乱。

同样的，在儿童的教育过程中，当父母和孩子是一种自上而下的纵向关系时，可能的行为就是批评、控制或是表扬，这些方式，其背后的目的都是操纵，阿德勒都不提倡，因为无形中我们把孩子放在能力比较低的位置。无论父母对孩子的行为给予批评或表扬，其实都是把自己的价值观强加给孩子，并且孩子会因为批评或表扬而形成"自己没有能力"的信念。家庭中常常有批评和责备的声音，孩子忙着自我防卫，不会去发展自己，关怀别人；在赞美声中长大的孩子，可能会特别在意他人的评价，活在他人的期待中。

另外还有一种纵向关系，是孩子在上，父母在下。孩子是家里的中心，父母和祖父母一切围着孩子转，不仅表现在情感上对孩子的需求做出倾斜，还表现在做家庭规划时，优先以孩子为重，会因为孩子做出牺牲和妥协。比如对孩子的教育投入超过能力范围，牺牲自己的家庭生活等。在家务上，替孩子做他能够做到的事情，处处妥协和迁就等。或是对孩子过于娇宠，不相信孩子有能力应对失望。

这些都是不对等的关系。阿德勒心理学提倡我们建立横向关系，这也是阿德勒心理学的一个基本原理。如果把孩子的成长比喻成一棵大树的生长，那么横向关系就是有效养育的根基，能提供养分，支持孩子的成长。

横向关系，即虽不同但平等。也就是说，我们尊重孩子，将孩子看作是和我们自己一样，是个享有同等决定权的人。这样的权利，并不代表孩子可以做任何大人能做的事。大人通常有更多的知识和经验，也有法定的和经济上的责任，这是儿童所没有的。平等，是指在人的价值和尊严上，儿童和成人是平等的。在横向关系的基础上，我们才能发展出尊重、倾听、合作、沟通、共情、解决问题的养育方式。

随着社会形态变得越来越宽容民主，要求父母在养育方式上也做出调整，然而，只有父母，是成为父母后就立刻上岗，没有经过任何训练。社会上从事与儿童相关工作的人，比如老师、心理辅导人员、儿科医生，在上岗之前都会接受特别的培训。如果父母不去学习，止步不前，仍然沿用以前传统的"控制和支配"的养育方式，势必会带来很多纷争，家庭变成一个战场，各种育儿挑战层出不穷。父母需要训练，已是一个普遍达成的共识。

"如何在尊重孩子、给孩子平等自由的同时，让孩子尊重规则、承担责任、赢得合作，这是现代教育的基础课题，也是现代父母要面临的永恒挑战。"个体心理学的先驱，鲁道夫·德雷克斯如是说。

在这本书里，我加入了一些练习和反思，这将帮助我们更深入地了解孩子，了解自己，助力我们的亲子关系。

反思：通过回答下面的问题来评估你目前的养育方式：

（1）我的孩子有正在或者不再做出哪些不当行为吗？

（2）我的孩子正在养成我希望他们所具备的品格和生活技能吗？

（3）我的孩子对于如何看待自己和他人，正在形成什么样的观点？

（4）我的孩子的行为表现是全世界围绕他/她服务，还是渴望为他人做出贡献？

当你回答出以上问题，心里就有了答案。你可以通过阅读本书，改变或者更新你的养育策略。

第二章

"我是被爱的!"

——父母如何与孩子有效联结,
建立良好亲子关系

阿德勒心理学认为，我们人类是社会生物，人的本质是社会生活。每个人在社会上都会追求两样东西——归属感和价值感。而归属感和价值感的建立在儿童早期，最基本的需求就是对情感的需求。我们是需要他人的，我们有"联结的需要"。

小动物刚出生时，吃点草，几个小时就能站立了。而如果一个小婴儿没有照料者，必定无法存活。人类天生弱小，天生有被人照顾的需要。渴望"被爱"，需要感受到归属感，这是孩子与生俱来的需求，而且永远都不会消失。每个孩子都必须找到归属感的方式，找到融入的方式。

每个孩子都需要对家长和老师有牢固的情感依恋，哪怕其中一端有也是好的。他们能感知到与他人的联结——自己是被爱的、被理解的和被重视的。换句话说，一个孩子，他/她是生活在单亲家庭还是双亲家庭并没有多大关系，最重要的是一定要和爸爸或妈妈或生命中重要的人产生很好的联结。当联结缺失时，孩子可能感受到疏离、不安全。有这些感觉，就会产生一些淘气的、糟糕的行为，这个孩子可能会尝试各种各样恼人的行为来寻求关注，甚至通过一些极端的方式，如暴力、酒精、毒品、自杀等让自己成为焦点，而有联结的，良好的亲子关系、师生关系是保护青少年远离这些的最重要的因素。

父母对孩子给予积极的关注和回应、看到孩子行为背后的信念和感受、真正接纳和理解孩子、创造更多在一起的优质时光……这些都能帮助我们和孩子建立联结，缔结良好的亲子关系。

第二章 "我是被爱的！"
父母如何与孩子有效联结，建立良好亲子关系

2.1 生命最初的联结

教育首先是一种关系，永远都要以关系为重。鲁道夫·德雷克斯说："一个人除非已经与他人建立起友好的人际关系，否则他无法影响任何人，这个基本前提经常被人忽视。"一个孩子如果与家长或老师建立了良好的关系，几乎不会出现严重的合作障碍。

孩子与他人建立良好关系的最初，是从母亲开始的。婴儿出生后所遇到的第一个人生课题就是大力吸吮母乳，这是一个自然而然的动作，也是合作的初始经验。其次，母亲要和孩子建立信任与安全的关系。阿德勒认为母亲是帮助孩子发展社会情怀的重要人物，当孩子感受到与母亲的关系是安全的、稳固的，会用合作的方式来回应母亲。与母亲的安全依恋关系也将帮助孩子做好准备，应对更广泛的社会联结。首先是父亲，其次是亲友、老师及同学们。在亲子互动的过程中，孩子会形成他对男人、女人的看法，也习得对应的互动方式。所以说，亲子关系是发展合作能力的基石。只有地基打好了，关系建立好了，往后的合作才会更加顺利。

关系的建立始于婴幼儿时期。关于婴幼儿的发展，有两个比较著名的理论。一个是心理社会学家爱利克·H.埃里克森（Erik. H. Erikson）提出的"人生发展八阶段理论"，把心理的发展划分为八个阶段，他认为婴儿在出生到一岁之间，是发展信任感的关键期。

这个阶段，父母和婴儿的照料者要对小婴儿无条件满足，尤其是母亲，对婴儿的爱永远不会太多。除了护理照料上的需要，就让婴儿待在

母亲的怀里，母亲温暖的抚慰对孩子的健康发育至关重要。这个过程对于新妈妈和新爸爸们来说势必会很辛苦，然而这会让婴儿不仅在生理上非常健康，在情绪上也会感到安全。《希尔斯亲密育儿百科》里写道："宝宝终有一天会离开37℃的母乳，终有一天他会彻夜睡觉，不再打扰你，这种高需求的育儿阶段很快就会过去。宝宝在你床上的时间、吃奶的时间、在家的时间都是非常短暂的。但是那些爱与信任的记忆，会在他的脑海里持续一生。"正如埃里克森所言，在一岁之前建立的信任感，是幼儿往下一个阶段顺利发展的基础。当地基打稳了，亲子双方都受益。

另外一个著名的理论是约翰·鲍比（John Bowlby）1950年所提出的依附理论（Attachment theory）。该理论指出，在婴幼儿阶段，最重要的发展任务是建立与照顾者安全感的联结。婴儿需要和至少一位主要照料者建立安全的依附关系，才能有健康的情绪的发展。鲍比认为，婴儿对母亲的依恋是一种源于生物性的、渴望接近的愿望，是进化原则的产物。鲍比强调，依恋是"从摇篮到坟墓"的终生现象。不论父母是否会满足他们生理或者心理的需求，孩子都会对父母依恋，甚至会依恋施虐的母亲。

后来的研究者，美国心理学家玛丽·爱因斯沃斯（Mary Dinsmore Salter Ainsworth），采用陌生情境（Strange situation）测验，从婴儿和母亲的研究中界定了亲子关系的三种基本类型。再后来，其学生，美国心理学家帕特里夏·克里滕登(Patricia Crittenden 1945—)补充了第四种类型。这四种类型分别是：

安全型（Securely attached）。妈妈在这种关系中对孩子关心、负责。体验到这种依恋的婴儿知道妈妈的负责和亲切，甚至妈妈不在时也这样想。安全型婴儿一般比较快乐和自信。

焦虑矛盾型（Insecurely attached：ambivalent）。妈妈在这种关系中

对孩子的需要不是特别关心和敏感。婴儿在妈妈离开后很焦虑，一分离就大哭。别的大人不易让他们安静下来，这些孩子还害怕陌生环境。

焦虑回避型（Anxious-style）。常常有不应答且具有控制性的母亲，婴儿对母亲的离去和返回都反应冷淡。

回避矛盾型（Avoidance-ambivalent style）。常常有高度控制性的母亲，儿童表现为强迫性的顺从，即使在允许表达不满时也会抑制自己不高兴的情绪。

焦虑矛盾型、焦虑回避型、回避矛盾型这三种类型都是不安全型（Insecure attachment style）的依恋模式。鲍比及其后来的研究者们发现，婴幼儿和儿童期形成的不安全依恋模式对个体成年后发生的各种形式的心理与精神障碍有密切关系。

如果一个婴幼儿开始会爬、会走之后，始终有一个依附的对象作为安全的堡垒，让他可以安心地去探索，并知道自己可以随时回来，这个堡垒任何时候都在。他长大以后，会觉得其他人都很好，他可以信任他人，与人相处融洽，也很容易培养亲密关系。这就是安全型依恋，这是我们想要达成的目标。

有一次朋友带着她5个月大的女儿小花到我家做客。小花拉臭臭了，翻来覆去地哼哼。小花的妈妈去拿纸尿裤了，我对着看上去有些烦躁的小花说："小花拉臭臭啦，很不舒服……"就这么一句，小花就安静下来，等着妈妈的到来。用亲朋好友的话说，"小花特别好带"，我想主要的原因在于她对照顾者的安全依恋建立得早而且稳固。

我的小儿子小树小时候也是一个人见人爱的小宝宝，他很少哭闹，睡醒了会对着天花板"唱歌"，表现得舒适又自在。我在他婴儿时期，除了生理上的及时满足，还有情感上的积极关注和回应。

在他还不满10个月的时候，有一天清晨，天刚蒙蒙亮，他翻来覆去，哼哼唧唧，似乎很烦躁。我自己还没睡够，困得很，迷迷糊糊地把乳头凑到他的嘴边，他吧唧两口就不吃了，继续哼唧。我把他抱起来，尝试和他共情："小树还没睡好，有点不高兴……"，但他还是哭。这时我注意到了他的双腿上被蚊子叮的几个大包，我明白是怎么回事了。我轻轻揉了揉他的双腿，说："是被蚊子叮了，很痒，不舒服。"他立刻安静了。

还有一次，我给小树穿上了一条哥哥小时候穿过的短裤，穿上以后小树哼唧、摇头。我注意到他用手拉着短裤。我说："是这条裤子有点紧，你感到不舒服，对吗？"然后，小树就平静了。我立马帮他换了另外一条裤子。

常常有父母说，孩子还太小，不懂表达，我和孩子共情他也听不懂啊。其实，根据我接触的和经历过的，无论多小的孩子，都期待自己的感受被父母接纳，自己的需求被看见。小婴儿们或许不能通过语言来回应，但是他们的感受力是极强的。所以始终要把孩子的感受放在第一位，而不是把训练的目标当作最重要的事情。

父母只有秉持这样的态度对待孩子，才能真正看见孩子，理解他的感受，看见他的需求。而孩子，也能在这样"天然"的环境中展现真实的自我，发展健康的人格。对孩子的"无条件积极关注"是满足孩子对于"联结"的情感需求的一个重要条件。这能帮助孩子建立安全感和信任感，建立和这个世界的积极关系。

2.2 接纳孩子每种情绪的重要性

当孩子再大一点，Terrible 2 开始，就听到不少妈妈开始"抱怨"了："我娃脾气大""我娃和家人对着干""我娃稍微不顺心就在地上打滚"……这些我们能看到的孩子的行为，其实是冰山上面露出水面的那小小一角，而更大的部分，则是水面以下孩子的感受和想法——未被看见，便更加用力折腾，以此来吸引父母注意。只有我们看见并接纳孩子的情绪，孩子才能感受到被理解，也感受到了爱和归属感。

孩子生气、难受都是很正常的体验。在孩子发脾气时，他完全沉浸在自己的情绪中，本就还没有发育完善的前额叶皮层不工作了，父母的批评、说教、讲道理，孩子是完全听不进去的。许多家长的错误表达方式要么是拼命安慰孩子，要么是解释，或是吼孩子，打压孩子："这有什么好哭的？"还有的家长干脆忽视，不管。这些回应方法都不可取，这等于是在惩罚孩子表达他的感受，都不是接纳情绪的表现，这样做的结果往往会出现更大的挑战。不仅孩子如此，成人也是如此。大家不妨反思一下自己家庭里那些愈演愈烈的"战争"都是怎么升级的。所以，我们先不要着急去纠正孩子的行为，而是认同和理解孩子的感受，和他建立联结，也就是先处理情绪，再解决问题。

有位学员妈妈在上完家长课之后分享了自己接纳孩子情绪的转变过程：

昨天下雨，八岁的儿子在家拼乐高，画画，摆弄他的玩具汽车。我经过客厅去阳台的时候不小心碰到了他的乐高模型，整个模型散了。儿子见状，不满地说："这是我好不容易拼好的乐高，你却把它弄坏了！"

我向他辩解："谁让你拼好了不收好呢？客厅嘛，大家肯定是要走来走去的。"不说不要紧，一说他就开始哭闹，要我把它恢复成原来的样子。我有点不耐烦，每次看到他哭闹我就有点烦。我试着弄了几次，他在旁边又哭又闹地说："不是这样的！"我说："我又不懂。那你自己把它复原吧。"他说："是你弄坏的，你要给我弄好！"说完号啕大哭，不断地说："你给我弄好！你给我弄好！"

看到他无休止地哭闹，我忽然意识到自己在整个事件中一直在推卸责任，并没有接纳孩子的感受。于是我说："你好不容易拼好的乐高，被妈妈碰到给弄坏了，妈妈又复原不了，所以你很生气，是吧？"结果一说完，儿子立马就不哭了，拿着那个乐高就又开始照着说明书拼装，不一会儿就又拼好了。我说："儿子，你可太厉害了！这么短的时间你又拼好了，你是怎么做到的？"儿子就开始告诉他是如何对照图纸如何摸索，后来他整个晚上都很开心。

从上述案例中可以看出，这位妈妈一开始是惯性反应，并没有接纳孩子的情绪，但她很快意识到并且做出了调整。情绪需要"疏"而不是"堵"。接纳情绪的过程就是在帮孩子"疏"的过程，然后引导孩子说出心里的想法，倾诉的过程也是释放和"疏"。

如果成人把孩子的情绪"堵"住，孩子难过的情绪不会因为大人的阻止而消失，情绪会转换形式，通过各种各样的不恰当行为表现出来。长期压抑的情绪，可能进入潜意识成为将来的自动模式；或通过"投射"在与他人打交道的过程中呈现出来；或者以身体的症状表现出来。在我做咨询的过程中发现，成人的一些心理问题，并不是现在发生在他们身上的事情引起的，有很大部分是因为在童年时期得不到理解和安慰而留下的心理创伤。只有当孩子的难过被允许和接纳，他才有能力去接纳自己和他人，也更有自信和勇气去面对挫折。

每一对父母都不希望自己的孩子难过，都希望他快快乐乐的。但是如果当孩子出现负面情绪的时候，我们只一味去否认而不是理解，这种感受并不会消失，它只会躲起来继续发酵，而且，未来随着年龄的增长，这些没有处理好的情绪还会冒出来，制造更大的麻烦。

我们回应孩子感受的方式和我们回应自己感受的方式很相似，常常有如下三种：

（1）压抑

孩子：数学老师太不公平了！专点成绩好的同学发言。

家长：别大惊小怪了。有本事你自己学好一点，考好一点。

家长很显然认为孩子的感受不重要，久而久之，孩子不再愿意和家长分享自己的任何感受。

（2）反应过度

孩子：数学老师太不公平了！专点成绩好的同学发言。

家长：这数学老师怎么回事，改天我去你学校找他问问！

不要反应过度。如果孩子因为学业、考试或者人际关系而紧张、焦虑，影响了学业和生活，很多父母的第一反应就是去帮助孩子，这很正常，是父母的本能。但是我们会发现，父母反应过度，孩子的发展反而会停滞甚至倒退。

如果你这样全盘承接了孩子的感受，无形中就是在给孩子传递一个信息：你不行，我行。在这种"我高你低"的关系里，孩子要么放弃承担责任，要么就反抗。再或者他会认为你给他造成太大的负担和压力，以后也不太愿意分享自己的感受。

（3）包容

孩子：数学老师太不公平了！专点成绩好的同学发言。

家长：听上去你有些生气和失望，你希望老师能公平对待每个同学。

包容就是你能看见和接纳孩子的所有感受，但并不反应过度。你们是两个独立的个体，而你始终是孩子的支持和依靠。在孩子成长的过程中，一定会犯错、会退步、会痛苦，成长本来就是不断试错的过程，这些都是孩子生命里不可或缺的体验。父母不能代替孩子去体验他的生命历程。孩子需要的是父母成为包容他们感受的容器。了解并接纳他的感受，而不会觉得他的负面情绪令你产生压力。

所以，当孩子有情绪时，你只需要包容他、支持他，不远也不近。太远了会断掉你们的联结，太近了又会涉足孩子的边界。保持你的克制和乐观，就是给孩子最好的帮助。包容孩子的感受不等于纵容他的行为，安慰孩子和无原则地给他想要的东西也是截然不同的。

2.3 有效的联结，从共情开始

在家长课上，我经常说的一个词是"情感银行"。有不少亲子联结的工具和方法可以帮助我们进行情感银行的储备。就算某一天，你的情绪被孩子勾起而冲孩子大吼大叫，那一刻的联结断开，但是你们情感银行的储备还是充足的。同样的,和情感银行相对应的,我们也有一个容纳痛苦情绪的空间。当孩子的感受得不到理解和安慰,他独自哭着入睡,或独自生闷气,情绪积累得越来越多,那个容纳不愉快和痛苦情绪的空间会越来越满,最终会因为看上去很小的一件事情而爆发,因为情绪塞不下了。

台湾阿德勒学派治疗师曾端真教授对情绪表达的重要性也有深入的说明。她指出,帮助孩子用语言表达情绪,可以促进情绪和认知的联结。被压抑的情绪则失去与意识接触的机会。被压抑和否定的情绪将进入主管生命的神经中枢(survival center),与神经中枢联结的情绪,容易以爆发或攻击性的防卫方式表现出来。若情绪长期被压抑,会影响肾上腺素分泌,导致学习、记忆及免疫系统的障碍。

没有学会表达情绪和意见的孩子,很容易形成恶性循环。发脾气—被责备—压抑情绪—事件的再刺激—发脾气。往往到了这个阶段,父母孩子都很受挫。父母对孩子闹脾气和倔强的行为感到受挫和无力,孩子持续的坏脾气,又激起了父母的愤怒;而父母的不耐烦和斥责,更加深了孩子被父母拒绝的不安。

我们如何才能教会孩子表达情绪呢?那就是共情。共情是一种识别他人感受的能力,是可以经过练习来习得的能力。"如果我处在对方的处境,我会有什么感受?"如果你经常这样想,从对方的角度来看待事物,你就会越来越能共情到他人。被共情到的孩子,也因为被理解而感到安全,感到被爱,亲子间的有效联结也就建立起来了。

共情的前提是认可情绪,也就是接纳孩子有各种各样的情绪。有了这样的前提,你可以这样对孩子说:"你看起来……很生气,是因为……,我猜,你希望……"帮助孩子把他内心的感受、想法和愿望说出来。在一个多子女的家庭里,哥哥对妈妈说:"你总是和弟弟在一起。"

如果妈妈回应："没有啊，我刚刚不是还给你读书了吗？"这种回答就是没有看见孩子的感受，没有共情，孩子也感受不到被理解。

妈妈可以这样回应："你看上去有点难过，是因为妈妈花了很多时间和弟弟在一起。我猜，你希望我多点时间陪你。"此时孩子频频点头，因为他感受到被共情，被理解了。

前文里的例子，当孩子说："数学老师太不公平了！专点成绩好的同学发言。"家长回应："听上去你有些生气和失望，你希望老师能公平对待每个同学。"这也是共情。

更多共情的话语可以供家长们参考：

你可以准确地复述孩子说的话："你真的很想要……！你生气了。你现在就想要。"

你可以让孩子在幻想中拥有他们想要的关系："如果……那该多好啊！我真希望……"

你还可以说出为什么你认为你的孩子不想做某事："你现在玩得很开心！停下来准备睡觉确实有点舍不得。"

你可以选择更多让人感到被理解的短语：

"（摔到膝盖了），那一定很疼……"

"（他这个做法确实），太令人失望了！"

"（没日没夜地加班了一整个星期），真的不容易。"

"我理解……"

"你想拥抱一下吗？"

"当你不能得到你想要的东西时，这真的很令人沮丧。"

以上这些表达仅仅是理解，但不要期待你理解了孩子，孩子的行为就会改变。事实上是，当孩子感到被共情，被理解时，他可能会改变原先的行为。要注意的是，共情对方时，需要你停下手中正在做的事情，看着孩子的眼睛。把你的感受，你想批评他的愿望以及你想提供解决方案的想法也暂时放在一边，只是关注对方。一个人能给到另外一个人最好的礼物，就是时间和注意力。有时候可能你什么都不说，只是静静地陪伴对方，他/她就能感到被理解。还要注意的是，不要在共情后面加上"但是"，你可以用"同时"来代替"但是"。

当然，共情并不局限于某些话术。心理学家罗杰斯认为，"共情"的前提是"无条件积极关注"。婴幼儿渴了、饿了、焦虑不安都会哭，渴望抚慰，渴望照顾者的拥抱。父母要能接纳孩子的哭声，并给予正向的回应。无论孩子调皮、哭闹还是发脾气，父母都应无条件地接纳孩子和给予他温暖，父母只有秉持这样的态度对待孩子，才能真正看见孩子，理解他的感受，看见他的需求。这里所强调的积极关注，是指关注孩子的情绪，而不是放任和无原则的爱。

哥哥三岁时，我有这样一段记录：

昨晚的睡前阅读时光，依然是由伟博自己挑选绘本。其中一本是《交通工具大集合》，看完绘本，他想和我一起做书上的各种车。我们一起做过一次，我画出形状，他剪、粘贴、画眼睛，很有成就感。做完了小汽车，伟博还要再做一辆高铁模型，这时候弟弟小树要吃奶了。我请伟博耐心等待一下，喂完了小树他就该睡觉了，然后我们一起制做高铁模型。

我在喂小树的时候，伟博一直躺在床上等着。

"喂奶要多久啊？"他等了一会儿，终于说话了。

"你等了很久，有些着急了。"我共情他。

"怎么小树还在吃呢？"他有些不悦。

"是吃了蛮久的。要是他能赶紧吃饱睡觉就好了。"我跟随他的感受。

"我不想你喂小树了。"他开始哼哼唧唧。

"等了这么久了，小树还在吃。真希望他赶紧吃饱了睡觉，你就可以和妈妈制做模型了。"我继续和他共情。

"我还是先去喝点水吧。"伟博去喝水了。

过程中我没有劝说他，"你再多等一会儿就好了。"也没有说教，"你要有耐心，我不把他喂饱怎么办？"我只是通过三次共情，他自己就平复心情，找到方向了。

伟博喝水回来，我对他说："伟博，谢谢你的耐心等待。"

小树睡前一顿奶通常吃很久。我问伟博："你会不会等得有些无聊？想一想可以做点什么事情让你在等的时候不无聊呢？"

他想了想，说："我去看书吧！"然后去取了一本绘本坐在我身边翻了起来。（启发式提问让孩子思考，自己找到解决办法）

这时候，爸爸下班回到家了，进到房间。他一眼看见床上的剪刀："怎么把剪刀放到床上？"这个"怎么"听起来像是在责备。爸爸自己立刻意识到这一点了，马上说："剪刀放到床上有些危险，不小心会伤到人，我们把它放到柜子上吧！"

爸爸对自己脱口而出的言语有了意识，重要的是，他能明确地教孩子做什么，而不是不做什么。我适时表扬了爸爸一番："你不仅自己有意识了，还发出了很清晰的指令。"

伟博站起来，勾住爸爸的脖子，腻歪了一会儿。小树吃完奶之后就睡着了，我和伟博继续把高铁模型完成。

弟弟五岁时我有这样一段记录：

第二章 "我是被爱的!"
父母如何与孩子有效联结,建立良好亲子关系

暑假我们在外婆家,小树早上刷牙时,突然说:"我今天就要回上海!今天就要回去!"我第一反应是对他说:"我们买的是明天的高铁票。"我没有顺着他的感受去理解他。这时候他表现得特别生气的样子:"不行,我就要今天回去!就今天回去!"

我突然想起昨晚他要刷牙时,牙膏快没有了他自己挤不出来,当时他要求换新的牙膏。我随口说了句:"我们回到上海就换新的牙膏。"想到这里,我对他说:"我看到你很生气,是因为牙膏没有了,挤不出来,你很想今天就回上海可以换新的牙膏?"他说是的。然后我发现他一听到我这样说,情绪就平复了。他又对我说:"那今天晚上就没有牙膏刷牙了。"面对他担心的问题,我说:"你需要挤牙膏时,我可以帮忙。我力气大,还能挤一些出来。"

小树没有再说什么,去刷牙了。

孩子所有重要的早期学习都在关系中发生。基于对孩子的观察和关注,去理解孩子,去共情他,不说教,不讲道理,这样的做法不仅能解决当下的挑战,还能增进理解,亲子关系也越来越好。孩子也在其中习得如何回应对方的感受,也学会了共情。兄弟俩虽然年龄很小,日常生活中也能适时表达自己的感受,还能共情他人。

有一次,我送哥哥上学,没有像往常一样让弟弟跟着,我和哥哥手牵手奔跑,哈哈大笑。哥哥说:"没有小树,你很轻松吧。"我说:"是啊是啊!"当时就觉得被人共情和理解的感觉特别好。

有一次我们去爬徽杭古道,弟弟爬了一段长长的台阶,说:"我真希望现在有一个电梯啊!"说完继续往上爬。

有一年三八妇女节,弟弟画了一幅迷宫让我走,说是给我的三八节

礼物。我对他们说："谢谢你们很认真去为妈妈准备礼物。"他回应我："你很骄傲，是吗？"

有一天晚上，我说到："你们再不睡觉我就开始焦虑啦！"他回应："妈妈，你是很希望我们能早点睡觉。"

有一天，当我从沙发缝里再次扫出发霉的半块饼干时，小树问："妈妈，家里太乱了是吧？"我回答："是的，我不喜欢家里乱。"他立刻说："你喜欢家里干净。"我频频点头。

我们之间很多的对话都是这样，不过是重复对方的话，或是表达出对方的期望，这份不带评判的"看见"，让人感到被理解。当一个孩子能够用语言表达出自己的感受和对他人的理解，那些挑战行为就会越来越少。

2.4 做一个有效的倾听者

对于前额叶皮层尚在发育当中的孩子来说，他们常常感情丰沛，但理性还不够成熟，所以他们往往难以用理智、清晰的语言来表达自己的想法和需求，而是通过情绪和一些在家长看来不符合期待的言行来表达。前文里提到五岁的小树，他还不会准确地说："我想回上海，是因为上海有新的牙膏。"他表达的是："我今天就要回上海！"还有婷婷，她也不会准确地表达"因为里面有我爸爸的口水，吃了别人的口水会生病，所以不能吃。"她也只是会表达："不许吃！不许吃！"

这时候，孩子最需要的是家长的倾听。通过倾听，不仅能让孩子感到被爱，感到安全，被重视，还能让孩子学会同理他人，找到自己的价值，建立影响力。这些都是孩子的基本心理需求。除此之外，还能培养孩子的稳定情绪，形成健全的人格和健康的心理，从而应对人生的各种挑战。

与之相反的是，在沟通中那些评判、否认、唠叨或是过度帮助，都会阻碍孩子向你敞开心扉，亲子之间"话不投机半句多"，渐渐地，孩子就关闭了心门。

我们在倾听孩子的时候，要学会听孩子的"话外之音"。举个例子，孩子说："妈妈，哥哥又打我了！"家长可以从中听出些什么呢？

他的需求：需要妈妈的帮助和保护、让妈妈关注我。

他的情感：委屈、愤怒、不满。

他的思想：打人是不好的、和哥哥一起逗乐很有趣。

他的个性：温和、懦弱、善良。

他与其他人的关系：紧张、对立、亲密。

有一天，两个孩子多次拿我的手机给爸爸打电话，问爸爸什么时候回，希望爸爸早点回来陪他们玩。我听出了他们话里的需求，回应道："看来你们很喜欢爸爸陪着玩呀！"

"是啊！爸爸现在不太会说我们，反而是你，我们犯了一点小错就骂我们。"大儿子这样回答。因为倾听，我理解了孩子，也知晓了现阶段我们之间的关系状态。于是我向他们表达："我最近确实比较着急，因为我有一项很重要的工作要完成，但是因为你们要上网课，妈妈不得不每天和你们在一起，准备一日三餐和家务，我很难抽出时间去工作，一着急我就容易生气……"经过商场花店时，我问兄弟俩："你们能一人送我一枝花吗？我生气倒不是因为你们做得多不好，而是我自己也需要关心，需要支持……"两个孩子欣然同意，拿出他们的零花钱买了一束花送给我。

如果要问亲子沟通最重要的两个方面，我认为是"倾听"和"表达"。父母和孩子之间相互倾听之后，各自表达，或者在各自表达后，润物细无声地在相互倾听中彼此成全对方，这可能就是教育了。在教育者和受教育者之间的双向倾听与表达中，生命得以成长和发展。

对许多家长而言，不是不能倾听，而是很容易带着自己的主观"先见"去倾听和看待孩子的言行，因此缺乏耐心和从容。因为生命中自己倾听和被倾听的机会很少，也会不自觉地急吼吼加以评判。然而，只要保持觉察和自知，就能时刻提醒自己，即使不小心回到旧的模式，重新回来即可。

做一个有效的倾听者，应该秉持的基本态度，我认为有如下几点：

首先是平等和尊重。这是生命与生命之间的平等，是一个生命对另一个生命的尊重。当我们和孩子说话的语气与和朋友说话的语气一样时，孩子和父母就都能相互诚实地表达自己的想法和感受，而不用担心被评判和打压，这就体现了平等和尊重，和孩子的沟通之门也因此打开。

其次是全身心的专注。不知道你们有没有接受心理咨询或是团体治疗的体验，当一个人被全身心关注和倾听时，那是一种令人温暖的美妙的体验，因为倾听有抚慰的力量。有些人甚至只需要获得倾听，都不需要治疗了。我们能给一个人最好的礼物，是专注和时间。专注是将一个生命的所有能量聚焦在另一个生命上，即使你什么话都不说，对方也能感受到那种被全然关注和重视的美好感觉。

只有体验过被全身心关注和倾听，才能把这份关注给到他人，能够同理他人，这就是社会情怀。

再次，倾听孩子的"话外之音"及其背后要表达的情感。

一个七岁的孩子对妈妈抱怨道:"妈妈从来都不带我出去玩。"妈妈的回应有以下方式:

(1)命令:我小时候也没有人带我出去玩,你怎么那么多要求。
(2)承诺:你好好学习,如果期中考试得了90分,我就带你出去玩。
(3)说教:不要光想着玩。你是学生,学生的主要任务是学习……
(4)建议:你为什么不去邀请朋友一起玩呢?
(5)训斥:小孩子要懂事,体谅妈妈的辛苦。
(6)责备:就知道玩!你也不看看你上次考试多少分,你还有资格玩?!
(7)否认:瞎说!我们上周才去过植物园。
(8)分析:你说这些就是要激怒我是吧!
(9)抱怨:你小时候我没带你到处去玩儿吗?你这个熊孩子不知道感恩,还埋怨我。
(10)转移话题:哎呀,让我讨论一些愉快的话题吧!

以上十种回应方式,都是沟通的阻碍,而不是倾听,这种反应不仅让对话立刻中止,也让孩子感到不被理解和重视。只有当我们试着去理解孩子当下的状态,从感受的层面来回应孩子,接下来的对话才能让孩子感受到充分的共情和理解。

妈妈:"你现在是觉得有些无聊有些烦吗?"(帮孩子把感受说出来)
孩子:"是啊,我都待在家里一整天了。"
妈妈:"确实啊,今天都待一天了。告诉妈妈,你现在想做什么呢?"
孩子:"我想再去一次游乐场。"

妈妈:"游乐场很好玩,对不对?"

孩子说:"对呀!"

倾听孩子,可以帮助孩子学会如何健康地表达自己的情绪,更重要的是,在情绪被父母接纳的体验里,孩子学习了接纳自己的任何情绪。能接纳自己的人,才有一个好的自我关系。不能接纳自己的人,往往有强烈的自我否定感。而一个好的自我关系,会影响身边的其他关系。这一点我们将在第六章"与孩子共同成长"里有更多阐述。

倾听有三个层次。

第一个层次:关注我。

大家有没有这样的经历,你在和对方描述一件事情的时候,对方立刻就会说到自己身上。或是对方说的话题引起你的共鸣的时候,你迫不及待地想表达:"我也是,我也是呀!"

有一次我聊到"我读小学五年级时已经读了很多金庸的武侠小说了。"我先生立刻回应道:"你五年级才读,我四年级就开始读了。"我笑着反馈给他:"你给我贡献了一个倾听的反面教材。"

这时候,听的人并没有真的"听到"说话的人,而是更关注自己。

第二个层次:关注你(我的眼里只有你)。

我曾在一个英语机构遇到一位课程顾问,叫 Amber,她留给我的印象很深刻,因为她非常善于倾听对方。我记得教育机构所在的那个楼层,悬挂着一张巨幅的某知名影星的照片。我很惊讶地说:"哇!你们请他做广告呢?"Amber 说:"你很喜欢他哦。"

Amber 没有很得意地说,"是哦,我们请了他做广告。"而是关注到她的谈话对象了。她能理解到对方的"言外之意"和"真正想传递的心情",她的眼里心里是有这个谈话者的。她会关注,眼前和我说话的这个人,她心情好吗？她语速这么快，是有很着急的事情吗？对方说的话，自然是要听，但在此基础上，还有必要注意到对方的身体语言，她想要表达而没有表达的部分，以及她的话语里蕴含的感受。

有一次我送大儿子去幼儿园，在路边等校车来接的时候，我抽空转身去买饼，他立刻拉扯我的衣服，哭喊道："不买，不买！"如果我没有"关注"他，而是从我自己的角度去看他，也许会怪他不懂事。根据我对他的了解，猜测他是担心我去买饼了错过了接我们的车。我回应了他的感受："你有些担心，如果我去买饼，车来了我看不到。放心，车还有5分钟才到，我们不会错过的。"他点了点头，便不再担心，和我一起去买饼了。

第三个层次：全方位。

谈话者不仅仅能关注到对方，还能关注到全场。比如说，这里环境太嘈杂，我们换个地方聊。

我曾记录了两段当我听到孩子说"我不想上学"之后倾听孩子的过程。同样是孩子不想上学，但是背后的想法和感受却有不同。

第一段：四岁的大儿子，刚上幼儿园不久。

星期一的早晨，八点。

到了要去幼儿园的时间，四岁的大儿子伟博并没有像往常一样去换鞋，而是趴在沙发上，说："我不想去幼儿园。"我开始倾听他。

伟博："我不想去幼儿园。"
妈妈："你更想待在家里。"
伟博："嗯！我不要上学！"
妈妈："在家里比学校更好玩。"
此时家人急着在旁边说："怎么能不上学呢？"

伟博开始大喊:"我不要上学!我就是不要上学!"

(沉默)

妈妈:"来,妈妈抱抱。"

我把伟博抱到了房间,关上门,创造一个更好的空间来倾听孩子。

妈妈:"你更喜欢待在家里,和妈妈在一起。"

伟博:"是的。"

妈妈:"你不希望和妈妈分开。"

伟博:"嗯!"

(沉默片刻)

伟博:"我想像弟弟那样。"

妈妈:"你希望像弟弟那样可以一天到晚都在家里,和妈妈在一起。"

伟博:"嗯!"

妈妈:"你希望有更多的时间和妈妈在一起。"

伟博:"嗯!"

妈妈:"要去上学要跟妈妈分开就有点难过。"

伟博:"嗯!"(原本一直把头靠在妈妈身上,现在靠得更紧了)

妈妈:"哦,你希望有更多时间和妈妈在一起,你又必须得去上学,那怎么办呢?"

(沉默)

伟博:"我想你一直在幼儿园不要走。"

妈妈:"你希望我有更多时间陪着你,我可以在幼儿园门口陪你一会儿,你说好了的时候我再离开。"

伟博:"好!你也要第一名来接我。"

妈妈:"好!我第一名来接你。"

伟博出了房间，换上鞋子，很平静地和我出门。回想起早上，他情绪一直不高，不像往常那样劲头十足。吃早餐的时候，他还把我的椅子拉过去，靠近他的椅子，要我紧挨着他坐。他真的是很期望更多时候和妈妈在一起。

长假之后，孩子往往会有一些不适应。这些情绪都很正常，而我们要做的是接纳他的这些负面情绪。不出主意，不给建议，而是把解决问题的权力留给处在问题区的他。给足充分的陪伴和倾听，相信孩子，他自己一定会走出"迷茫"，他只是需要一点时间。

第二段，6岁半的大儿子，幼儿园大班。

寒假结束了，伟博今天开学。从昨天下午傍晚开始，他就一直表现得情绪低落，重复着说一句话："我不想上学！"吃晚饭的时候，吃两口就停下来嘀咕："我不想上学！"吃完晚饭，他靠在我身边，神情严肃地说："我就是不想上学！"等大家都吃完了，我抱他坐在我腿上，开始倾听他。

妈妈："听上去你真的很不想上学。"

伟博："嗯，是的。"

妈妈："放了一个月的寒假，再去学校，突然觉得很不适应。"

伟博："嗯。我就是不想上学。"

妈妈："我小的时候，放假结束后去上学，也觉得不适应。好几次我都在上学第一天偷偷哭了呢。"

伟博开始抬起头，好奇地听我讲故事。他很喜欢听我讲小时候的故事，尤其是那些被他定义为"我遇到麻烦"的故事，时不时让我重复地讲。

妈妈："虽然我刚到学校的时候不适应，但只是过了一会儿，我和我的好朋友们玩在一起后就很开心了。你的好朋友，也好久没见了吧？琪琪、小火……"

伟博："不要说了……"（我意识到，他在这段话里听到了"说教"）

妈妈："看来，明天要去学校这件事，真的很困扰你。"

伟博："学校午睡的时间太长啦！"（看！在被倾听的过程中，困扰他的问题露出来了）

妈妈："我明白了！你不想睡午觉，又要躺在床上那么长时间，你觉得很无聊。"

伟博："是啊。我不想去学校了。"

妈妈："那咱们是不是可以和老师沟通，不想睡午觉的时候可以不睡，一个人安静地在一旁玩？"

伟博："不行的！就只有小玉可以！其他人都不行！"

妈妈："哦，只有小玉一个人可以不睡午觉。"

伟博："是啊，小玉有一个秘密，她可以不睡，其他人不行。"（说到这里，他快要哭出来了）

妈妈："你需不需要妈妈再帮你和老师沟通一下呢？"

伟博："我要你和老师沟通，中午就来接我。"

妈妈："中午接你恐怕不行，但我会试着和老师沟通看是否可以不睡午觉。"

伟博："那要是老师说不行呢？"

妈妈："我们先沟通了再看看。你也可以想一想，如果想要不无聊，你还可以做些什么？比如说带一本书到床上看呀？"

伟博："带书也是不可以的！"

妈妈："好的，那我先试试看再说。"

伟博："你明天送我去学校，然后跟老师说，明天我不坐校车去。"

妈妈："好的！"

这次谈话之后,到了晚上要睡觉时,伟博又哼哼了好几次"我不要去学校。"我特别能理解他,在家里过了整整一个月自由自在的寒假生活,到了学校要受到纪律的约束,他也是有些小小的焦虑。

第二天早上,我如约送他去了学校,没有坐校车。到了学校见到主班老师,和老师说明了情况,老师同意他今天可以不睡午觉,而是安排了一位老师带着他在游戏室玩。感受到被理解和支持之后,他也能够接受学校关于午睡的安排了。第三天放学回家后,他很平静地告诉我他睡了午觉,虽然没有睡着,但躺着休息没有影响别人。

有时候我们会因为时间紧迫而无法倾听孩子。比如说早上听到孩子说"我不想上学",而你即将要赶去公司参加一个重要的会议。你很容易脱口而出:"你必须去上学!"而不是温和又平静地和孩子确认:"你真的不想现在去上学,是吗?"如果你的孩子又是一个高敏感度或是高需求的孩子,那就早点起床,多留一些时间来尊重孩子的节奏和肯定他的感受。

当父母能放下自己的想法/评判,全然倾听孩子,一定能找到他行为背后的想法和感受,从而能够和孩子更好地联结,也能一起找到解决办法。不去上学的行为可以让父母把注意力放在他身上,也可以把父母留在身边,以满足被关注和陪伴的需求。安心的孩子不会哭闹,也不会不想上学。只有当心事被父母听进去之后,孩子才不再抗拒。

沟通不仅仅靠语言,也有非语言的传递。我们的动作、眼神、声调,都表明了我们是否在倾听。不需要说话,孩子就能知道我们对他是赞赏的,还是不接纳的。同样的,我们去了解孩子,也不要仅凭他的话去了解,同时也要留意他的身体所表达出来的信息。比如说你看起来眉头紧锁,是有什么心事吗?

当然倾听的目的不在于一定要解决什么具体的事,而是让孩子感受到他们的重要性。孩子在乎被父母听到自己的心声，无论什么问题，如果父母都能把他的想法很慎重地听进去，就可以增强他内在的价值感。我们要在心里自问：如果我穿着他的鞋去走他的人生，去经历这个孩子的生命历程，我会做什么？如果这件事发生在我身上，我会有什么感受？阿德勒说，我们要用他的眼睛去看，用他的耳朵去听，用他的心去感受，这就是社会情怀。如果父母能做到这一点，孩子在被充分接纳和理解之后，亦能发展社会情怀，当他有了归属感，也能为这个社会贡献自己的力量。

练习：基本倾听

在和孩子产生了冲突之后，不要着急"教育"孩子，而是先让自己的情绪平复（深呼吸、暂时离开现场、喝杯水等能让自己情绪平复的方式）。等你的情绪平复了，带着好奇心，和孩子聊聊他的想法。只问以下三句话：

（1）你（还）想告诉我什么呢？
（2）你的愿望是什么呢？
（3）嗯，我听到了！

用共情重复孩子的话。过程中不评判、不否定、不说教。

2.5 面对情绪容易失控的孩子

我们花了很大的篇幅讲接纳和包容孩子各种感受的重要性，以及如何共情和倾听孩子，这是因为忽视或否认孩子的感受，对孩子未来的心理健康十分不利。但是我们可能并没有意识到这一点，又或者是我们小时候的感受并没有被认真地对待，所以也习惯于否定他人的感受。

孩子痛苦难过的时候，哭是很自然的，但是有些父母会觉得小孩子为了一件小事而哭，长大了会比较脆弱。尤其是男孩子，很多家长会说"男儿有泪不轻弹"，所以孩子不能随便哭。殊不知，流泪是最自然的情绪表达，把眼泪压下去反而阻碍情绪的疏解，时间长了会累积更多的负面情绪。情绪的水库满了，即使丢进去一颗小小的石子，水都会溢出来；负面情绪积累多了，孩子就会因为一点点小事而情绪失控。

因为孩子的大脑尚在发育中，他们的自我节制能力和逻辑判断能力本身就比大人弱，当他们心中充满不平的情绪，就会失去理性思考的功能。这也就是为什么孩子出现负面情绪的时候，听不进任何劝告。孩子需要父母引导他们疏解怨气，在孩子愤怒的时候，最重要的是铺个台阶让孩子下，以消除孩子的火气，而不是急急忙忙"教育"孩子，这会陷入父母与孩子争夺权力的局面，而有些父母不了解这一点。还有一些父母碍于面子，他们惯常的方式就是"继续压"。孩子的感受一次次被否定，更加学不会接纳自己，这就会形成一个恶性循环。父母越是不能接纳孩子的负面情绪，孩子的情绪越是容易失控。

还有些孩子是高敏感度的孩子，他们接收到的信息很多，然而消化信息的通道很少，导致他们比其他孩子更容易情绪化。就好比高速公路，同样数量的车，有的孩子有四个车道，就不显得拥挤，有的孩子只有两个车道，那就自然拥挤。这样的孩子，更需要父母有耐心接纳他的情绪。如果父母是在情绪被打压的环境里成长的，就很容易在孩子负面情绪升起的时候产生抗拒的情绪，这时候自我觉察就尤为重要。

其次，家里的气氛紧张，父母的沟通方式是大吼大叫，通过情绪操控对方，孩子也可能会习得这样的沟通方式。因为他在家里并没有学习到更有效的表达方式。还有些孩子被父母忽视，缺乏爱，那么遇到一点事情就会情绪失控发脾气。

无论孩子的情绪强度有多高，孩子最渴望的是父母能够接纳和了解他们的情绪。情绪是为排除自卑感，追求优越目标而服务的。生命的动力来自克服自卑，追求优越，这种动力促进了人类文明的发展。阿德勒说："生命不会不经过挣扎便高举白旗。"孩子的每种行为都在诉说其克服自卑感和追求卓越的故事。孩子的偏差行为，是为了补偿自卑感的痛苦所创造出来的自我保护武器，是无意识的。对孩子来说，所有的行为都是沟通。在阿德勒看来，没有坏孩子，只有气馁的孩子。

面对情绪化的孩子，父母要做的第一步依然是接纳孩子的情绪。孩子渴望父母能轻轻地问一句："你怎么了，有什么在困扰你呢？"

这对有些父母很难，但要提醒自己，"反其道而行之"。为什么说"反其道而行之"？看见情绪化的孩子，父母的第一反应是"烦"，身体不自觉想躲。心里会烦，身体想躲，厌烦的情绪升起："怎么回事嘛，又来了！"本能地就把孩子推开。反其道而行之，父母不仅不要躲，还要全盘接受。一个孩子愿意在父母面前发泄自己的情绪，说明你对他而言还是安全的。

你还可以尝试从身后抱住孩子，什么话都不要说。当你发现他起伏的身体慢慢平静下来了，就可以坐在他身边，陪着他，依然是什么都不要说。有些家长一开口很容易回到旧的沟通模式里，去说教或是讲道理。随着情绪平复，孩子的身体也会放松下来。随着这样的互动越来越多，孩子的情绪也会越来越平稳，对自我意识的控制也慢慢建立起来。

父母还可以探索一些安全的方法来摆脱愤怒的控制。比如，打沙袋、运动、画画。还可以和孩子一起尝试做一个情绪选择轮。需要用到的材料如下页的"选择轮图片"所示：

（1）正方形手工纸或是一次性餐盘（用来做转盘，可以用各种自己喜欢的纸代替）。

（2）不同颜色的硬卡纸或是塑料指针（用来做指针）。

（3）其他工具：剪刀、铅笔、直尺、图钉、打洞器（如果没有打洞器可以用图钉或剪刀完成）。

选择轮图片

制作步骤：

（1）将正方形手工纸对折三次，在折成的三角形开口端画一条弧线，沿弧线剪下来，展开折纸，呈现出一个带折痕的，分成八个区域的圆形。

（2）如果是用一次性餐盘，就在餐盘上画出八个区域。

（3）在每个区域内写下或画出最喜欢做的八件事情。

（4）将硬卡纸剪成指针型。

（5）在圆形纸中心点打洞后，用图钉将指针末端固定在此中心点。

（6）随机拨动指针即可开始选择。

如何使用情绪选择轮呢？

在和家人的相处中，在陪伴孩子的过程中，我们难免会有矛盾和冲突。在情绪糟糕的时候，我们可以提醒一下彼此去用一用这个小工具。

当我们一看到这个情绪选择轮，就会想到我们一起制作时的初心和温馨场面，心情就会平复许多，之后做做自己喜欢的事情，给自己，也给家人平复的时间和空间，不仅对自己的心理健康有益，也有利于家人之间保持良好的关系。

最后，情绪类的绘本和故事、沙盘游戏、静心冥想等都可以帮助孩子舒缓情绪。亲子间的打闹游戏也都是可以帮助孩子疏导情绪的一种方式。父母要多创造一些这样的机会和体验。

父母照顾好自己当然也非常重要。就算是气得牙痒痒，我们也可以有选择，如可以暂时离开现场，也可以做几个深呼吸，又或是在一个自己喜欢的空间待一会儿，让自己的情绪得以平复。平时我们可以更多去关注自己的需求，当自己的需求满足了，才有更多的心理空间给到孩子。父母面对孩子情绪所表现出的态度和处理方式，是孩子学习情绪智慧的重要示范。当孩子处于负面情绪中，只有父母先接纳自己，才能帮助孩子接纳他的情绪。

如果你很多年来都是采用打压情绪的模式，孩子也会习得了这样发泄情绪的方式。不过，不必自责，种一棵树最好的时间是十年前，其次是现在。只要你有心改变，你会发现，你改变了一小步，孩子会改变一大步。我们做父母的需要有改变的决心和勇气，一切从态度开始改变，不要抗拒，去接纳。

2.6 优质时光提升亲子关系

有一天，我听见两个孩子的对话：

哥哥："你猜，爸爸回家后前面几句话是什么？"
弟弟："他会问，作业写完了吗？"
哥哥："一定是的！"

让孩子形成这样的认识，这是很多父母的传统做法。把难得的和孩子相处的时间用来说教、讲道理，和孩子约法三章，实属可惜。要想提高孩子的学习成绩，比起不断提醒他作业写完了没有，和孩子一起玩耍其实更重要也更有效。亲子关系最重要的是陪伴，一段优质的陪伴时间，会让孩子觉得自己很重要，很有价值，能让孩子感到"我被爱"，很有安全感，并从中学会自律与责任。

如果没有深层地"潜到水下"去理解孩子，又没有和孩子一起聊天、玩耍，也就不要去抱怨孩子长大后一进家门就把自己关进房间，因为你没有和孩子建立起稳固的亲子关系基础。

这样的一段优质亲子时光，在正面管教体系里叫作"特殊时光"，在父母效能训练体系里叫作"黄金时间"。和孩子一起的优质时光，能够很好地和孩子建立默契、亲密的关系，建立爱的联结。随着孩子慢慢长大，他们不再满足于父母只是抱一抱亲一亲，他们需要更多精神上的认可和共鸣，而这些一定是建立在某些联结之上的。就好比两个独立的个体，中间如果没有桥梁，是产生不了激荡和真正的回路的。如果父母和孩子有一些共同的兴趣和活动，这个时间、这段空间，可以将家长和孩子紧密联结在一起，只属于爸爸和孩子或者妈妈和孩子，或者是一家人一起。

这段时光，可以是不花钱的，比如一起做手工、看绘本、玩枕头大战，甚至去采集树叶，或是一个拥抱。也可以是花钱的，比如看儿童剧，到儿童乐园游玩等。这段亲子时光最好是有固定的频率和时长。当固定了时间之后，每当那个时间要到来，孩子会有期盼的喜悦，还可以给这段时光取个名字，使这段时光被赋予特别的意义。

常有学员在家长工作坊问我："为什么非要固定呢？我的时间不太有规律，我老公也经常要出差……"想到了再一起去做，难道不可以吗？"

《小王子》里的狐狸，回答了这个问题：

小王子驯养了一只等爱的狐狸，两人对于仪式感的理解颇为触动人心。

小王子在驯养狐狸后的第二天又去看望它。

"你每天最好在相同的时间来。"狐狸说："比如说，你下午四点钟来，那么从三点钟起，我就开始感到幸福。时间越临近，我就越感到幸福。到了四点钟的时候，我就会坐立不安，我就会发现幸福的代价。但是，如果你随便什么时候来，我就不知道在什么时候该准备好我的心情……应当有一定的仪式。"

"仪式是什么？"小王子问道。"这也是经常被遗忘的事情。"狐狸说，"它就是使某一天与其他日子不同，使某一时刻与其他时刻不同。"正是这样一个又一个的时刻，让亲子关系紧密联结起来。

第二章 "我是被爱的！"
父母如何与孩子有效联结，建立良好亲子关系

大多时候，生活的确是平淡无奇又匆匆忙忙，仪式感早就被人们抛诸脑后。家长每晚下班回家的状态大部分都是：从冰箱里随便翻出点食物就凑合着一顿晚饭；忙着给孩子泡奶粉换尿布，早就没了心思过什么纪念日；房间里到处是随意乱丢的衣物，周末宅在家里连头发也懒得洗……生活被过成了一潭死水，我们还不停抱怨它的无聊无趣。你的"特殊时光"，很可能就是你无趣婚姻／焦虑心情的解药良方！将这"不同的某一刻"固定下来，坚持下去，就会让生活发生本质改变。

联结不只是断了的时候才去理会，它是我们生活的必需品，是每天的功课，也是我们能量输出的管道。如果我们不花时间经营好关系，可能会把时间消耗在不滋养的关系里。亲子关系不好，孩子不太会听你的，又怎么能教育好他呢？所以说，关系始终是在第一位的。在孩子小的时候我和他们的"特殊时光"是每天的亲子阅读，亲子打闹游戏。

有一天哥哥上完足球课回来跟我说，课上动作错了或者慢了，教练就让翻跟头。他翻了一个给我看。我说我也会翻，结果我翻了一个没成功。到了晚上，我们就玩翻跟斗比赛。这让我和孩子们都开怀大笑。正是这些日常的联结，让我们彼此能量满满。孩子感受到联结，感受到爱，他是安全的，开心的，他的力量用来发展他自己，自然是身心都很健康。

和孩子之间如此，夫妻之间更加需要特殊时光，尤其是有了孩子之后。我们可以把特殊时光当作一个提醒，提醒自己，我很爱对方，我们在一起的时间无比珍贵，非常特别，我们在这段时间里全身心地"在一起"，就像妈妈和初生婴儿，或者热恋中的情人。这段时间也许每天都有，也许一周、一个月，甚至一年才有一次，不管频率或形式，只因爱而共度时光，只是单纯地跟对方在一起，享受在一起的感觉，会是什么样子呢？

现实治疗大师威廉·格拉瑟曾以"生命相册"来隐喻人所存储的记

忆。他主张父母要多提供温馨美好的"相片",来放在孩子的生命相册里。我回顾自己的"生命相册",有几个场景依然真切。

有一年,母亲从老家来到我所在的城市,帮我料理家务。一个秋天的周末,她做了家乡的特色菜,粉蒸排骨和粉蒸莲藕。菜还在炉子上蒸的时候,我就像个孩子一样去厨房里转悠了好几次,我太期待了。那一顿饭我吃得心满意足。和母亲一起细数我们小时候她都做了哪些好吃的给我们吃,有豆饼、煮水粑子、糍粑、新鲜熬制的麦芽糖、菜团子等,不胜枚举。回忆这些时,我仿佛回到了小时候围着炉子翘首等待的情景,其实我更怀念的是在厨房里一边给母亲帮忙,一边和她聊天。和她在一起的每一刻,都是特别温暖的回忆。

我和伟博,我们的睡前亲子共读时光,从他九个月开始,到他七岁开始自主阅读,我坚持了六年多。睡前阅读,已经成为他的一个睡前仪式了,成为他生活的一部分。每晚八点到八点半,他会挑选出自己想看的书,和我依偎在床上,我读给他听。有了弟弟之后,兄弟俩一起依偎在我的怀里亲子共读。到了晚上他们会兴奋地叫起来:"看书的时间到咯!"和妈妈一起读书,有期待,有幸福。

2014年的夏天,我开始运作正面管教的家长工作坊,周末的时间我都用来读书学习和讲课。伟博爸爸通常会带着伟博去山里玩。我想象着这一对父子,爸爸坐在驾驶位上开车,伟博坐在后排他的长颈鹿安全座椅上,在将近两个小时的车程里,两个人一前一后会聊些什么样的话题呢?去到山里又会玩些什么?有一次父子俩兴高采烈地回来,我问他们玩什么了。爸爸故作神秘地说,我不告诉你。我突然很享受他这么说,这是属于他们父子俩的小秘密。

我的朋友婷婷,她有个可爱的女儿叫暖暖。每天晚上,暖暖的爸爸都会在小黑板上画一幅画,有时候是哆啦A梦,有时候是Teddy bear,

有时候是跃出水面的海豚，有时候是两个相爱的海马宝宝……每天早晨，两岁的女儿醒来第一件事就是去小黑板前看爸爸的画。爸爸说，每次画的时候腰酸背痛，但是很期待看到每天早上暖暖看见画时高兴的模样。暖暖爸爸特别有趣，当他知道我要写他的故事时，请暖暖妈妈转告我："我是律师，很忙很忙，从没画过画，脾气不好，缺乏耐心……"我猜他背后想说的是，这一切都是因为爱。我能想象暖暖每天早上醒来，去小黑板前看到爸爸为她画的画以及充满爱意的简单文字时，那满足与幸福的神情。

妈妈和我的厨房，暖暖和爸爸的画，我和伟博的亲子共读，爸爸和伟博的山里时光，都是我们建立爱的联结的一种方式。这些温馨美好的童年时光，都会在我们的记忆里，成为珍贵的生命能量的来源。

我也曾在一对一鼓励咨询个案的来访者中发现，这些有孩子的中年父母在回忆自己幼时亲子关系的互动时，几乎没有人提到父母直接的教诲，而都是一些和父母在日常生活琐事中的互动画面：

"一个夏天，妈妈给我切西瓜吃，只有我，没有我哥。一块块切了，喂到我嘴里。"

"趴在妈妈腿上，妈妈温柔地给我掏耳朵。"

"小时候夏天很热，喜欢睡在地上的凉席上，不过到了半夜，我爸爸总是会抱我上床去，有时候我还没睡着，但是会故意装睡让他来抱，因为感觉很美好。"

"夏天纳凉，全村人都把竹床搬到水塘边，听大人吹牛，我们躺着，他们给我们摇扇讲各种稀奇古怪的事情。"

"一个冬天，睡在床上脚很冷，我妈妈把我的脚塞到她的怀里。"

"夏天，一群小朋友围坐在我父亲周围，听我父亲讲故事。故事内容已经不记得了,但是小朋友们听到故事哈哈大笑的情景历历在目。"

孩子渴望的是与父母在一起的时光,而且是全心全意在一起。爱的真谛不是我们能为别人提供什么,而是将自己给出去多少。你的眼睛、你的耳朵、你的时间、你的关心、你的专注,这是没有任何东西可以替代的。

借用天文学家卡尔·萨根的一句话和你共勉:"在广袤的空间和无限的时间中,能与你共享同一颗行星和同一段时光,是我莫大的荣幸。"我们和孩子之间的缘分,也是我们莫大的荣幸。

2.7 游戏力带来松弛感

我曾问伟博:"妈妈通常在什么时候最容易发脾气?"他回答:"一个是到了晚上比较晚我们还不睡觉的时候;另外一个是你自己有压力的时候。"我深以为然。我对于早睡的执念让我在孩子没有早睡的时候感到焦虑,我的行为表现为催促甚至发脾气。另外,就是我们自身被某些事情困扰而产生压力的时候,也不容易控制自己的情绪。

一个人的压力管理能力跟他自己的亲身经历有关,我们要很留意不要将我们的压力投射到孩子身上。我们可能因为一个不错的业务机会被别人抢先而耿耿于怀,如果我们将这种痛苦带回家中,可能就受不了孩子的一丁点儿不合作。而同样的,如果孩子白天在学校也累积了许多压力,他的这种情绪积压在身体里,放学回到家,可能一有机会就向我们发泄。如果父母只看行为而不理解孩子"究竟经历了什么",可能会说:"怎么这点小事你就发这么大脾气?"于是挑起更大的冲突,产生更多的压力。

现在孩子的童年和我们当年很不同。他们大多数是由家人接送上学和放学，放学后又有各种补习班。我们小时候，可以尽情地在田野里撒野，或者在弄堂里玩到天黑，我们自由地玩耍，自由地从错误中学习。而现在的孩子，第一是受空间的限制，做很多事情都在家长的眼皮底下。第二是他们的传统玩伴是缺失的。过去的孩子遇到不开心、感到难过，可能会通过与同伴一起玩耍而化解。这一方面是人际关系的互动，另一方面游戏本身也有治愈作用，通过游戏也能够学到非常多的东西。这里的游戏不是指电子游戏，而是孩子自由玩耍的游戏。这在过去能够帮助孩子们建立心理屏障，而现在的孩子有太多的课外辅导班，没有足够的时间组成混龄团队，设计自己的游戏。第三是他们的学业压力也很重。他们比我们小时候承受更多的压力，更需要在玩乐中释放压力，获得快乐。

有一个好消息是，和孩子开心地互动会提高我们大脑中多巴胺的水平，刺激伏隔核，减轻压力。对孩子温柔以待也是对自己的一种犒赏。一个更好的消息是，不需要借助其他玩具，你就可以和孩子开心地互动。因为你本人，就是孩子最好的玩具。

动物都爱玩，人类也一样。动物们（包括人类）通过玩耍能促进脑部发育、刺激认知功能、增强适应能力、强化社会关系，这些都有进化理论的根据。亲子打闹游戏，可以让父母和孩子尽情地把身体里的创造力和生命力都激发出来，亲子间很容易在游戏中建立亲密联结，找回本真的快乐。推荐几款我们家里经常玩的亲子打闹游戏。

神枪手：这个游戏适合一大家子玩。神枪手站在屋子中央，闭眼数5个数。其他所有人选择房间的四个角落中的一个站好，数到5时，神枪手指向其中的一个角，那个角落里的人就被击中淘汰。如此重复，最后剩下的人为胜利者，成为神枪手继续新一轮挑战。

神枪手的游戏非常简单，不需要借助道具，不限场地，随时随地可以玩起来。我们有时候睡前时间紧张，玩5分钟也是开心的。在玩的过程中孩子们有时候会笑得躺在地上"开枪"，有时候会修改游戏规则，经由他们自己选择和主导活动，培养了创造性。

枕头大战：这是我们家玩得最多的一款游戏了。最好使用没有拉链的枕头。给游戏设定目标，比如谁先打中对方10次头或5次腿就算赢。小朋友会更享受你被打中后夸张倒地的环节。根据孩子的情况，随时调节你的力量。枕头大战还可以根据自己的创造力演变出很多种玩法。

顶枕头：每个人头顶一个枕头，保持平衡，看谁先失去平衡。

运枕头：背对背夹住枕头一起移动身体把枕头运到目的地。

抢枕头：围着枕头，跟着音乐转圈，音乐一停，看谁最先抢到枕头。

挥枕头：一个人喊口号，喊到"快"时，打闹双方用快的速度挥舞枕头，喊到"慢"的时候用慢动作，喊"停"的时候就停下来。

另外，还有丢沙包、脱袜子等诸多好玩的游戏，请参考《亲子打闹游戏的艺术》（作者：[美]安东尼·迪本德、劳伦斯·科恩著）。

有一点需要提醒爸爸妈妈们：不要玩得太认真了。你的目的不是向孩子展示你有多厉害，而是与孩子产生亲密联结。

也有部分父母有顾虑，觉得跟孩子玩很花时间。孩子要求你一起玩，但是你还有未完成的工作。不要有这个担心，当你和孩子一起玩起来，之后随着孩子沉浸在游戏中，你就可以逐渐脱离开来去处理你的工作了。如果你一开始就直接拒绝孩子："妈妈的报告还没有写完不能跟你玩，等我完成了再来陪你。"他可能会不断地打扰你，导致你更没有时间来做自己的工作。先陪孩子玩，等他感到满足后，他会自己玩其他的，甚至开发出更多的创意，不会一直缠着你。

从马斯洛的需求层次理论来看，首先是生理安全、心理安全、被爱、归属感等低阶需求的满足，之后才会产生追求高阶需求的动机。低阶需求由生理和心理匮乏所驱动，高阶需求则由成长动力所引导，追求价值感和自我实现。生理和情感需求得到满足的儿童，才会有成长动机，追求有益人群、贡献社会的人生目标。

游戏除了增进亲子间的联结，也是培养社会情怀的自然情境。游戏的态度、游戏的选择、游戏中的情感和创造，都是在为未来的社群生活做准备。游戏中可以展现合群、平等、情感交流，相反，如果发现孩子在游戏中以占上风为目的，支配、破坏、恶意争输赢，他们可能是气馁的孩子，没有勇气承接游戏的"失败"。这时候就需要教育者或父母以友善的态度引导孩子，给予鼓励，避免孩子走到错误的方向。

除了亲子打闹游戏，桌游也是我们经常玩的项目。桌游不仅可以训练孩子思考能力和社交技巧，家里人经常一起玩，也有助于亲子关系的建立。有些数学桌游不仅仅好玩，还能锻炼孩子数字加减的能力。我们家经常玩的一个数字桌游是拉密（以色列麻将），还有锻炼观察力和专注力的桌游如德国心脏病，我们也很喜欢玩。还有山河之旅、大富翁等桌游，不仅仅好玩，也能锻炼孩子的思维能力、社交能力。如今市面上好玩的桌游特别多，还是很值得花一些时间和孩子一起玩的。

玩耍是动物的天性，对孩子而言，更是有难以抗拒的诱惑力。好玩而有意义的游戏不仅能促进父母和孩子的联结，还能通过玩耍发展出感觉、动作、认知、语言、情绪情感等各方面的能力。乔老师在《下乡养儿》这本书里说道："我们的教育把智力，也就是学习知识放在了首位，而忽视了身体、意志、情感这些最重要的东西，其实这些才是基础。没有这个基础，智力就是建在沙丘上的大厦，是很脆弱的。"我深以为然。孩子的这些心理需求是养育的"底线"，这些"底线"达到了，更高层次的知识、技能和机会也就触手可及。

另外，现在的孩子需要更多的时间和其他孩子户外玩耍，少一些时间待在室内或面对电子屏幕。努力创造这样的机会吧。相信我，无论是你和孩子的亲子打闹游戏，还是孩子和伙伴们在草地上恣意的奔跑，都将是日后他们回忆童年时最快乐的记忆。

《游戏力养育》里写道：养育的目的不是避免联结断裂，这是不可能的，而是尽早发现联结断裂，尽快重建联结。最美妙的瞬间莫过于重建联结的那一刻。

重建联结是解决日常挑战的基础。当孩子推开你时，便是重建联结之时。重建可以通过游戏的方式，挠挠痒或是一个拥抱；可以表示情绪理解，和孩子共情。只有当孩子真正感受到联结和亲密时，"爱之杯"被蓄满，才更容易展现出自主学习、乐于合作的天性。要记得，孩子天生是具有社会情怀的。很多时候说教的方式不管用，是因为太专注于技巧，而忽略了联结。

练习：陪孩子"玩起来"

设置一个"家庭游戏时光"，固定在每周所有家庭成员都空闲的时间，玩一款亲子打闹游戏。

游戏中要让孩子主导。

2.8 多子女家庭爱的联结

在哥哥五岁，弟弟两岁时，有一天吃晚饭的时候，兄弟俩又一次为要坐同一张椅子争抢起来。

我把菜端上桌,弟弟洗好手就过来坐下了。哥哥也过来了。

哥哥:"我坐这儿的!"

弟弟:"这是我的位儿(子)!"

哥哥:"这是我的!昨天爸爸还说这个位子是我的。你坐对面。"

哥哥用力挤,把弟弟挤到旁边的椅子上。

弟弟大哭。

兄弟俩为坐哪个位子而争抢,已经不是第一回了。上一次,爸爸当了"法官",分配好了每个人的座位。可是很明显,分配无效。

我在心里判断是否需要介入。我想再等等,让"子弹飞一会儿",于是埋头吃自己的。只听见兄弟俩争吵的声音小了,再看见哥哥扭过头,一手握着弟弟的手,一手轻轻地捏着弟弟的耳朵,在和弟弟商量:"弟弟,我们轮流坐吧!今天哥哥坐这儿,明天你坐这儿,好吗?"

弟弟:"我要坐这儿!我要坐这儿。"

哥哥:"那你今天坐这儿,明天和后天我都坐这儿。"

弟弟:"好!"

兄弟俩达成了共识。

我差点要和弟弟强调:"这可是说好了的哦。今天你坐这儿,明天和后天都是哥哥坐这儿。"我担心弟弟明天不按约定来,还要坐这个位子,那势必又要闹一场。

然而,我提醒了自己两点。

第一:相信孩子,不带预设。

第二:这是兄弟俩之间的事,明天的事情明天再解决。

我忍住了,什么都没说。最后兄弟俩平静地吃完了晚餐。

对于一个多子女家庭,孩子之间的斗争是再常见不过了。无论采取何种育儿方式,就算父母是心理学博士,孩子们有时候还是会争斗打架，就像没有不吵架的夫妻那样。吵架并不意味着当事人是坏人——我们不是，我们的孩子也不是。而且，由于儿童的大脑前额叶皮层尚在发育之中，无法更好地控制自己，这也是他们会争斗的原因之一。

然而，当孩子们争吵的时候，父母往往会心烦意乱，然后会进入战局，偏袒他们认为弱小的一方。在弟弟小树 11 个月大的时候，我注意到，哥哥稍微碰他一下，他就大哭，然后我们大人就会介入，说弟弟还小，哥哥你要懂得照顾弟弟。后来我又发现，大人越介入，弟弟反而会哭得越来越大声，而且，他会故意弄乱哥哥的玩具，引起哥哥生气。当我意识到这一点，便开始有意识地去同等地对待他们，这很重要。如果我们认为大孩子总是有错的一方（持强凌弱者），并总是拯救小孩子（受害者）时，小孩子容易形成受害者心态，他会在我们没有看到的时候故意挑起冲突，就是为了让父母来解救他。而如果你总是责备大孩子："你应该更懂事，你更大！"大孩子就容易相信，"我没有弟弟或妹妹那么特别，但我能想办法扳平"。受害者和欺负人的孩子就是这样造就的。

不论孩子发生冲突的原因是什么，父母去做"法官"试着帮孩子扯平或进行决断只会让矛盾升级，也剥夺了孩子们自己学习解决冲突的机会。而两个孩子之间的冲突和争执，恰恰是他们培养应对冲突的技能的机会。

在这个故事里，我采取的做法是"按兵不动"。正面管教家长课里有针对多子女冲突的 3B 原则，是以英文 B 开头的 3 种处理方式。

Beat it（走开）——家长要确定孩子们看到自己之后离开。

Bear it（忍受）—— 家长留在那里观察，但不管什么情况，都不要干涉。

Boot'Em Out（引导他们走出争斗的环境）——家长把孩子们从争斗的情境中引导出来，同时，对他们一视同仁地说："孩子们，在找到解决办法之前，你们需要到外边去，你们商量好了我们再开始吃早餐。"

孩子的争斗是每个家庭都会发生的事情。作为多子女家庭的家长，首先要学会自我调节。自我情绪调节没那么容易，但这不意味着我们可以不做。如果我们面对孩子的争斗，甚至是剑拔弩张之时，都能平静地做出反应，那么孩子们也能学到富有成效的情绪管理的方式。反之，当我们冲孩子吼，孩子学会的，会是相互吼叫，甚至对我们吼叫。父母以何种态度对待孩子之间的争斗尤为重要。

然后，我们在干预孩子的行为时，还要了解孩子行为背后的信念。孩子们往往会基于自己对生活经历的理解来做出一些决定，这些决定是他们对自己、对他人以及对周围的世界形成的信念。他们的行为就建立在这些信念之上。有的孩子，认为自己要有价值，就必须赢，以争吵和打架确立自己在家里的地位。有的孩子，会通过打架来获得父母的关注。还有的孩子，他认为自己是受到了不公平的对待，通过打架可以帮助他赢得正义。还有些时候，他们通过争抢来确认自己的重要性。

阿德勒的心理学著作里有大量的篇幅阐述出生顺序对孩子的影响。阿德勒认为，家中的长子是被推下王位宝座的孩子。家庭中的老大都经历过一段"独生子"的时期，但是随着弟弟或妹妹的出生，他们就必须强迫自己改变，让自己适应新的环境。原本家人的目光都聚焦在他身上，但是第二个孩子出生后，他就会在没有任何准备的情况下被弟弟或妹妹夺走了自己的地位。他不再是家中的独子，他必须和别人一同分享父母的爱。这对于老大来说，是一个巨大的变化。

如果父母因为其他孩子的出生而忽略了老大，他定然不会接受这样的现实，老大会千方百计地寻求父母的关注，让自己回到以前的地位。如果我们借由大宝的心去感受这个世界，就能够明白：他们也会和父母一样，对弟弟或妹妹的到来充满兴奋、好奇、关爱和喜悦。而同时，他们也会感到不安,因为他们的世界会因此而改变。他们同时也会感到愤怒、嫉妒、困惑、不满,他们会担心父母不会再像以前那样爱他们了。可是他们无法准确地表达自己,这个时候,他们就会通过一些退步的行为来表达他们的这些负面情绪。

比如表现得像一个小宝宝(或者更小的小孩子),或者要求父母还像小宝宝那样对待他们。大宝可能会乱发脾气,破坏小宝宝的玩具或者破坏父母的东西。他们也有可能表现得特别乖巧懂事,以便重新获取在父母心目中的重要地位。这些情绪和反应可能会非常强烈,但却是很正常的。父母需要去接纳孩子的这些行为和情绪,还可以通过一些方式帮助孩子度过这段时期。

如果父母们能认识到这一点,让孩子相信"父母对他的爱稳如泰山",没有因为弟弟妹妹的到来而改变,尤其是如果让他们和父母一起迎接要降生的孩子,让他们一起来看护小孩,他们心里就不会有如此大的怨恨。所以在二宝出生前,从确定怀孕开始,父母就要帮助大宝做好心理准备,并让大宝参与其中。

父母可以带着大宝一起去医院,通过医生的讲解了解到小宝宝在妈妈肚子里是怎样的情况,解开小宝宝在大宝心目中的神秘面纱,缓解他们焦虑的情绪,同时让他们充满期待。

让大宝给弟弟或妹妹起名字,给弟弟或妹妹准备生活物品。我们家的哥哥曾骄傲地告诉我的朋友,"小树"这个名字是他给弟弟取的。

和大宝一起读手足相关的绘本,也能让他对于家庭即将到来的变化有一个心理预期。有很多不错的和手足相关的绘本都值得推荐,比如:

- 《汤姆的小妹妹》
- 《我要当大哥哥了!》

- 《隧道》
- 《我想有个弟弟》
- 《我的弟弟跟你换》
- 《你们都是我的最爱》
- 《彼得的椅子》

提前告诉孩子,妈妈不在时,谁来负责照看他;妈妈会离开多久;他什么时候可以去医院看望妈妈和小宝宝,等等。这些信息如果都能提前告知,会让大宝更有安全感。

在二宝出生之后,父母可以和大宝建立联结的方式也有很多。

让大宝充当你的小助手,照顾小宝。比如给小宝拿一片尿布或者给他唱首歌。很多孩子想要推婴儿车,可以教大宝怎么做。这些做法能让大宝感到自己的重要性,并有助于培养兄弟姐妹之间的手足之情。

时刻鼓励孩子。"谢谢你帮我送来纸尿裤。""要不是你扶着大门,我推着婴儿车还不知道怎么过去呢。""谢谢你这么耐心地等我喂完了弟弟。"

提醒孩子作为大哥哥或大姐姐的好处。可以这样说:"你是大孩子,可以吃冰激凌,而小宝宝却不能,他们只能吃奶。"也可以让他们参与决定家中的事务。比如说:"给弟弟买的洗澡盆,是买绿色的还是蓝色的呢?"这能让大宝从权力之争转向获得积极权力。

更多爱的表达。永远不要吝啬表达你对孩子的爱。

"我爱你,你是妈妈独一无二的小王子。"

"即使妈妈要照顾弟弟,妈妈还是像以前那样爱你。"

"我爱你六年,爱弟弟才三年。"

避免经常说"你是哥哥/姐姐,你要怎样……"给孩子过多的责任,会让他们产生怨恨的情绪。如果孩子承担更多的责任是想获得父母的爱，可以告诉他们，爸爸妈妈喜欢他们原来的样子。要让孩子知道，尽管他们已经是大哥哥或大姐姐了，但是照顾宝宝是父母的责任，而不是他们的责任。父母也要避免责备大孩子而拯救小孩子。

接纳孩子的各种情绪。对于一个被推下"王位宝座"的孩子而言，他的很多行为都是正常的。我们甚至还可以直接告诉孩子："有时候，弟弟让你很生气，这很正常。所有刚刚成为大哥哥或大姐姐的孩子都会有这样的情绪。"

教孩子面对冲突的解决办法。随着孩子们越长越大，他们之间的冲突也会时不时出现。对于多子女家庭来说，面对孩子们之间的冲突，如何有智慧地解决手足之争也是需要学习的一门学问。在面对两个孩子的冲突时，父母的角色是翻译官，而不是法官。不偏袒谁，不同情谁。父母也要相信孩子们不用你干预就能自己解决问题。这是一个最基本的态度——信任。当然，在很多时候，如果孩子们吵得厉害，是需要父母"介入"的。这里的介入不是干涉，而是倾听和引导。充分地倾听孩子的感受，同时也教给他们更多的沟通技巧。

有一次我在做饭的时候，听到了很大的声音。

伟博："小树！是不是你把我的乐高弄乱了！你老是弄坏我的东西！我要打你！"

我听见弟弟被推倒在地的声音。弟弟大哭起来。

我又听见哥哥高喊："你还敢打我？！"

我关掉炉子，深吸了一口气，提醒自己保持冷静。（这点很重要）

我和他们进行了如下的对话：

妈妈："我听见一些声音很大，像有人在发火。是怎么回事呢？"

伟博:"小树把我拼好的乐高弄坏啦!"

小树:"哥哥打我!"

伟博:"你也打我啦。你还用金属敲我的头!"

妈妈:"我听到你们俩都很生气。在我们家,规矩是:互相尊重,不动手。我听到你们都动手打了对方。来,我们都坐在这里。先做个深呼吸……来说说看你们为什么生气,你们轮流说。"

伟博:"小树把我的乐高弄坏了。我和阳阳好不容易才搭建好的,我们明天还要玩的。"

妈妈:"把你刚刚拼好的乐高弄坏了,确实让人很生气。我看到这些零件都散了……"

伟博:"是啊!他老是搞破坏。我不喜欢他!他还用东西敲我的头。"

妈妈:"敲到哪里了?现在还痛吗?"

当我说出这一句的时候,哥哥的情绪基本缓和了。

妈妈:"小树来说说,发生了什么?"

小树:"哥哥打我!"

妈妈:"哥哥打你,你也生气了。是吗?"

小树:"嗯!"

待孩子们情绪平静之后,我再通过启发式提问来引导孩子关注解决办法:

"我们来想一想下次出现这种情况还有哪些方法可以采用?"

"怎样做可以让弟弟听得明白又不会伤害到他?"

在两个孩子争斗的过程中,他们基本是用"动物脑"在思考。让两个孩子都觉得得到了倾听,有助于他们管理情绪,"把大脑盖子合起来"。他们也有机会反思,看到愤怒让他们做出了什么举动,也看到了他人会有怎样的反应，再引导他们去解决这个问题。渐渐地，孩子能学习到妈妈所用的方式，他们自己就能解决问题。

确保和每个孩子单独相处的"特殊时光"，这非常重要。尤其是和老大的一段专属时光，即便做不到每天15分钟，那么每周只有一个下午也可以，在那段时间里，爸爸或妈妈完全属于他一个人。可以一起做亲子共读，手工绘画或是户外活动、打闹游戏等各种让家长和孩子都感觉好的事情。这段时光非常具有鼓励性，可以让孩子觉得备受重视，并乐于当"老大"，消除对弟弟妹妹的嫉妒之心。每个孩子都要确认自己在父母心中的重要性，老大更是要确认父母对自己的爱稳如泰山。孩子做的那些不当行为也是在确认这一点。

在我们家迁居上海之后，可能因为面对新环境，当时五岁的哥哥给我带来极大的挑战。弟弟不小心把他的手工弄坏了，他会对弟弟动手。有一天，伟博做完作业，要去吃麦芽糖。糖是朋友送来的，儿时的味道，两个孩子每天都会吃两口。我制止他说："不能吃了，你看看时间！要去洗澡准备睡觉了！"我有点在意孩子睡觉的时间，说话有点大声。

伟博哭了，喊出一句话："弟弟刚刚还吃了。我就知道你喜欢弟弟，不喜欢我。"在那个当下，他对于这件事情的诠释就是，弟弟可以吃，我不能吃。妈妈爱弟弟，不爱我。正如我们反复强调的，孩子往往是最强的感受者，却是最差的诠释者。

我抱着伟博，认同他的感受："你觉得妈妈喜欢弟弟不喜欢你，很伤心。"也明确表明，"妈妈很爱你。妈妈只是太在意你睡觉的时间了，因为我希望你能早点睡觉，早点起床，而不至于弄得早上紧张忙乱。一着急的时候我就容易大声发脾气。"

我开始思考，我已经很久没有和伟博单独的"特殊时光"了。于是我开始和伟博商量,每天有 15 分钟,只属于我们俩。这个时间里,由他主导,他想做什么都可以,妈妈都会陪着。这个时光,我们固定在每天晚饭后。他有时候选择我和他读绘本,有时候是我们一起丢沙包,有时候一起在小区里骑车……伟博把这段时间起名叫"Sugar"。这样的时光持续了一段时间,我再也没有听到伟博说妈妈喜欢弟弟不喜欢他这一类的话了。

对父母而言,养育两个孩子自然比养育一个孩子要付出更多的精力。所以,父母首先是要照顾好自己。只有父母先照顾好了自己,才能更好地照顾孩子们。父母自己快乐了,孩子也会快乐。

第三章

"我是有能力的！"

——父母如何引导孩子建立
内在自信，走向独立

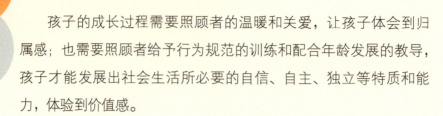

　　孩子的成长过程需要照顾者的温暖和关爱，让孩子体会到归属感；也需要照顾者给予行为规范的训练和配合年龄发展的教导，孩子才能发展出社会生活所必要的自信、自主、独立等特质和能力，体验到价值感。

　　孩子天生就有成长、学习、改善和提升的需求。小婴儿出生后会自觉地寻找乳头，这是生命天生的需求。在蹒跚学步时，摔倒了他会努力地爬起来；他想要自己系鞋带，自己吃饭，他需要有"我能做到"的感知。如果这个部分缺失，他会感受到自己是无能的，不能胜任的，于是他会特别渴望自己缺失的一部分，外显的行为就是去争吵，去索要权力，与成年人对抗。他建立的信念是"只有当我说了算，我才有归属感"，这样孩子很容易和父母陷入"权力之争"。

　　当孩子感受到"我能行""我能做到"时，他会建立内在的自信，走向独立。父母首先要避免溺爱和包办，凡事都由父母做了，孩子可能形成一个认知："我做不了，父母来做。"同时也不要干涉和控制孩子，相信孩子成长的力量；在发生冲突时，退出战争，也能有效地避免权力之争。无论是父母赢，还是孩子赢，都是双输的局面。"引导他改变"而不是"迫使他改变"；花时间训练，培养孩子的生活技能和人际关系技能；通过有效提问来引导孩子自主思考，赋能孩子。

3.1 让孩子自己做

一个小婴儿在刚出生的时候就会发挥本能去寻找母亲的乳房，我们一定要支持这种最初的行动力。这是在尊重他，信任他，也是从一开始就帮他了解，他是一个有行动力的人，一个与你有关系的人。渐渐地，母亲要开始帮助孩子适应和家里其他家庭成员相处，这是与人合作的最初。

在孩子开始想要尝试自己吃饭时，也要支持他。进食的动作需要用到手指、手腕、手眼协调，对脑部神经的发展也大有助益。很多孩子在生理发展成熟之前，就有自己进食的渴望。如果大人觉得收拾起来麻烦，或者太耽误时间而不给孩子自己操作汤匙获取食物的机会，顿顿都去喂饭，孩子就失去了探索和自我训练的机会。我曾经用过的一个方法是放手让孩子自己在宝宝餐椅上抓取食物吃，吃完后我连人带餐椅一起推到洗手间去冲洗干净，不过是在夏天才这么做。创造安全的情境让孩子自主吃饭，除了促进神经连接的发展，还能满足孩子自由探索的需求。

与自主进食相类似的一系列孩子的自我训练和探索，例如孩子在蹒跚学步时，摔倒了之后他努力地自己站起来，他想要自己揉面团、自己洗衣服、自己系扣子等，父母都可以创造安全的情境支持他去探索，孩子需要有"我能做到"的感知，这对于孩子的自信、自立和自主性的开发非常重要。弟弟小树两岁的时候，外公外婆寄来土鸡蛋，我会请他一个个放进蛋托；他两岁半开始做家务，洗自己的袜子，学切菜、煎饼、炒饭、洗碗……他愿意做，我就支持他，他也因此建立了很强的自信心。他做家务的视频被国内十几个城市的正面管教讲师在讲座上分享，以此激励其他的家长放手让孩子自己尝试。

在孩子进入幼儿园之前，我们要培养孩子和其他小朋友互动的能力，以及与老师互动的能力。比如说一个被溺爱的孩子，到了幼儿园还期待外人待他的方式和爸爸妈妈一样，这就行不通。在家里可以上蹿下跳，到了学校就要安静地坐着听从老师的教导，这些都需要循序渐进地训练。

父母不能溺爱孩子，凡事都替孩子做，所以，训练孩子为自己的生活做准备，是为人父母的职责所在。父母也要觉察自己的所作所为对孩子的影响，以身作则，因为孩子是通过模仿来学习的。我们需要多观察，少代办；多倾听，少建议；多鼓励，少批评。让孩子相信自己能行。

有时，父母也要适当示弱。有一次儿子叫我："妈妈，快来！房间里有一只飞蚂蚁，你快来把它弄走！"换作是以前，我这个勇士妈妈肯定三步并作两步，飞奔过去，帮孩子解决了。但是我意识到这个做法并不可取。我就故意示弱："哎呀，妈妈也挺怕飞蚂蚁的，怎么办呢？"于是兄弟俩自己拿纸巾给处理了，他们因此还扬扬得意，飞蚂蚁也没那么可怕嘛。

孩子的能力是在"做"的过程中习得的。通过"做"，积累了失败和成功的经验，通过"做"，帮助了父母和兄弟姐妹，继而又能从付出中感受到成就感。如果父母每天为孩子安排好一切，催孩子睡觉、起床、上学、写作业等，孩子根本不需要自己去思考和规划自己的生活，久而久之，孩子不仅缺乏成功经验，没有锻炼出相应的能力应对未来的生活，时常有挫败感，还会建立"父母为我安排好一切"或"父母为我做事是应该的"的人生信条，这对未来生活是很大的隐忧。

3.2 避免溺爱和包办

小伟三岁的时候，他尝试自己扣衬衣的扣子。他认真地把扣子放进扣眼，刚放进去，扣子又蹦出来，又放进去……扣好了一粒扣子后，他高兴地拍起手来，继续扣第二颗。妈妈等了一会儿，忍不住说："还是妈妈来吧。"小伟说："我寄几（自己）来！"妈妈最终还是有些不耐烦了，拉开他的小手，三下五除二给他系好了扣子。小伟很不情愿地哭着跟妈妈出门了。

八岁的时候，妈妈站在小伟的床前，催促他起床："起床啦，快起床啦，不然校车赶不上了！"小伟没有反应。妈妈找来小伟的衣服："来，胳膊伸过来！"妈妈帮小伟把衣服穿上，小伟此时睡眼惺忪。"你快去洗漱吧！不然来不及了。下次就该早点起床。我来帮你收拾游泳包和书包吧！真是的，你都八岁了，还让父母帮你做这些。"妈妈既心烦又着急，也非常忙碌。而小伟站在原地接受妈妈为他做的一切。

是小伟让妈妈做这些事情，还是妈妈没有真正放手让孩子去独立完成呢？妈妈的确是担心小伟磨磨蹭蹭误了校车，会影响自己上班，所以她替孩子做了原本是孩子应该做的事情。

宠坏孩子有四种方式：

（1）给孩子太多。

（2）帮孩子做他们有能力自己完成的事情。

（3）过多地提醒、指导或催促。

（4）没有规则，或者违规后不必承担后果。

对于被宠溺和过度保护的孩子，很多事情都是父母在操心，孩子也没有规则感，于是这个孩子什么能力都没有学会，等到长大了，问题会特别多。习惯没养成，爸妈就忍不住批评，导致孩子自我价值感低，让他做点什么事情就抵触，还玻璃心，这又成为父母批评的理由。这样就形成一个负面循环，越多批评越不改变，越不改变越多批评。

被溺爱和过度保护的孩子，由于他们不用努力，也不必有合作的行为就能获得一切，他们以为这个世界是他们想要什么就有什么，长大后也会期待别人继续为他们忙得团团转，不然就会觉得受到亏待而对人充满敌意。长此以往，他们可能会对自己气馁，认定自己就是被保护的对象，无法发展出能力。这样的孩子，当他们离开家庭进入学校，有可能会产生适应不良，因为学校生活需要有与人合作的能力，需要服从规范，需要配合别人，需要付出努力。如果在求学阶段没有培养出社群生活需要的能力和特质，成人之后进入社会可能也无法适应职场，甚至婚姻生活也因为没有与另一半合作的能力而受到影响。

卢梭在《爱弥儿》里提到："你知道用什么方法使你的孩子得到痛苦吗？那就是：百依百顺。"作为父母，我们有责任和义务帮助孩子发展能力，培养孩子自己有勇气、有力量去面对他自己生活的起起伏伏。

小伟的妈妈在参加了正面管教家长课堂的学习之后，表示打开了一个新世界的大门。她逐渐在家里采用了新的做法。

（1）和孩子一起制定了睡前准备清单，包括整理书包，准备第二天要穿的衣服，第二天的体育包（比如游泳包、足球包），将清单贴在显眼的地方，以便及时检查；

（2）在晚上睡前道晚安后不再理会孩子；

（3）设置起床闹钟；

（4）一星期的执行，给予及时鼓励；

（5）召开家庭会议，讨论新产生的议题；

（6）让孩子自己承担上学迟到的后果；

（7）妈妈放下焦虑，并安排了自己的兴趣班。

一周过去，全家在家庭会议上对这周进行回顾整理，如果作息不合适就进行调整。整个过程不批评，而是及时的鼓励，这一点非常重要。孩子犯错往往是因为没有发展出相应的能力，或是还没有学习过，这时候批评孩子对孩子是不公平的。如果父母只在孩子表现好的时候给予肯定，在孩子犯错或是表现得不合乎期待时就责备，这样会让孩子变得畏首畏尾，害怕失败。

引导孩子学习或练习一项新技能的过程中，及时的鼓励非常重要。小伟妈妈会特别留心小伟付出的努力并让孩子知道。

"我注意到今天闹钟一响，你就起床了。"

"还不到八点半，你就已经整理好了自己的书包和明天要穿的衣服。"

像这样，把自己注意到的孩子小小的一点进步表达出来，通过小卡片给到孩子或是当面告诉孩子，这让小伟备受鼓舞。在后面的章节里我们会详细阐述鼓励的原则和鼓励的方式。在妈妈的新做法执行四周之后，妈妈的唠叨和孩子的哼唧大大减少，到第五周，明显看到孩子在自我管理能力方面的进步。小伟自己也特别高兴，他兴奋地对妈妈说："看！我今天不到半小时就把语文和数学作业都完成了！"因为自我管理能力提高而产生"做到了！"的成就感让孩子越来越自信和独立。妈妈也变得轻松和对未来有信心了。

当然，在践行新做法的过程中必定会有反复。孩子有时候又回到过去的模式，妈妈陷入沮丧的情绪中，这都是很正常的。崩溃了沮丧了，就再做出调整，这个过程并不容易，但即便这样反反复复，也继续往前走，这就是勇气。

3.3 写作业，是谁的课题？

一个周末的早上，妈妈呼唤着正在院子里玩耍的儿子："小光，你快点穿上毛衣吧，今天早上有点冷哦！"儿子说："妈妈，我觉得一点都不冷。""不行，我觉得你应该穿上毛衣，我去给你拿。"妈妈回家，拿来毛衣，一定要给小光穿上。小光不愿意穿，妈妈带着怒气斥责："怎么这么不听话，赶紧穿好！"

网络上流传很久的一句话，叫作"有一种冷，叫你妈妈觉得你冷。"讲的就是父母的过度干涉。原本孩子要体验的是从 A 到 B 的过程，可是还没有等他走到 B，被父母中途拦截了。每一次选择前都被父母灌输"正确知识"，孩子的自由体验权被剥夺了。真正让智力发展的不仅是知识，还有体验。体验是滋养孩子精神胚胎的养料。体验能让孩子增长技能，走向独立。

然而这个过度保护的妈妈，她并没有意识到自己在扮演一个高度权威的角色，看似自己掌控了一切，其实是剥夺了孩子自己体验冷或热的自由，甚至是独立的权力。长此以往，这个孩子就有可能发展出让妈妈不停为自己忙碌的"技巧"——反正都有妈妈管，有妈妈替我做，有妈妈为我服务，我就不需要做了。

从穿衣服，到吃饭，到孩子上学，做作业……我们替孩子做他自己能够做的事情，这种过度担心和干涉，其实是对孩子的一种贬低。它意味着，我们比孩子大、比孩子好、比孩子有能力、比孩子有经验、比孩子更重要，这更会严重打击孩子的自信。最后，我们自己还不明白，为什么孩子会对自己没有信心。

为什么有些父母过度干涉和控制孩子？我认为有以下两点。

其一，是因为焦虑。这一类父母并不是训练孩子以自我实现为目标，而是担心孩子会输给别人。心理学家贺岭峰老师说："这实际上是对自己没有信心，自己面对这个世界没有安全感，所以加强了期待，期望孩子能为我们找到这份安全感。"正因为有期待，有比较，才会滋生焦虑。因为焦虑，他们会想尽办法帮孩子安排各种优势环境，帮他们排除各种困难，那么孩子不能了解人生有苦有乐，不能客观地面对人生的喜悦与失败，自然会缺乏社会情怀。

其二，是父母没有做到课题分离。课题分离是《被讨厌的勇气》作者岸见一郎先生在书里提到的一个概念。人是社会的人，必然和其他人产生联系。如果基于纵向关系，把对方看得比自己低，就会去干涉对方。人际关系中的一切矛盾，无非两点原因，要么自己的课题被别人干涉了，要么自己正在干涉别人的课题。所以，想要解决人际关系的烦恼，就应该区分什么是你的课题，什么是我的课题，只有分清楚你我之间的课题，不干涉他人的课题也不让自己的课题被他人干涉，才能确保人际关系的通畅。简而言之，课题分离就是把人和人分开，也是把要完成的事情、承担的责任分开。

要做到课题分离，离不开两个心理基础。首先，我们要时刻觉知"横向关系"是有效养育的核心。不能因为我是家长，孩子就要听我的，我可以控制和支配孩子。而是要时刻提醒自己，我和孩子，是两个相互尊重的独立的个体，是平等的两个人。他不是我的附属品，他有他的人生。其次，我们要觉知自己养育的目标是什么。世间所有的爱都是为了相聚，唯独对孩子的爱是为了分离。我们养孩子，是希望他们有能力面对自己将来的生活。所以，我们需要让他们自己体验和学习，需要让他们自己通过犯错误来学习。更何况，学习和提升本身就是孩子天生的需求，他们要成长，要独立。

有了这两个心理基础，我们再来区分哪些是孩子自己的事情，哪些是我们自己的，哪些是我们和孩子共同的课题，并坚定执行。

课题分离的第一步，就是区分"这是谁的课题"。区分是谁的课题，就要看选择的后果由谁来承担。例如，"不想被别人讨厌"是我的事情，而"你讨厌我"是你的事情；你表扬别人，别人是否接受，就不是你的课题了；你向别人道歉，别人是否能够原谅你，也不是你的课题了……我很喜欢的一句话是："你可以把马带到水边，却不能强迫其喝水"。同样的，你可以营造学习的环境，却不能强迫孩子读书。读书、学习是孩子的课题，孩子写作业，是一个老生常谈的话题。很多家长开玩笑说："不谈学习，母慈子孝，一谈学习，鸡飞狗跳。"的确，有些家长会在辅导孩子写作业时火冒三丈，或是频繁催促孩子去写作业，或是命令孩子不写完作业不许睡觉，这都是没有认清写作业其实是孩子的课题，不是家长的课题，因为孩子没有完成作业的后果，是由孩子承担的。

有的家长可能就会说，我不盯着，孩子成绩退步了怎么办？要相信孩子天生就有成长、学习、改善和提升的需求，每个孩子都有向上的渴望，他会为学习而努力。而影响学习成绩的可能是学习方法有待提升，这个时候父母的课题就是引导孩子提高学习力，而不是过度干涉和管控。还有的父母会说，孩子作业写不完或者完成得不理想，老师会找我呀。面对被老师约谈而产生的情绪，这也是父母的课题。

课题分离的第二步，就是不随意干涉他人的课题。他人的课题由他人来承担和负责，若随意干涉他人的课题，还会带来人际冲突。

如果父母通过命令、催促、交换等各种方式强压孩子学习，对孩子的作业指手画脚，认为应当按照自己的想法去完成，孩子无法按时完成作业时，甚至主动帮孩子完成，就是对孩子的课题妄加干涉，这就免不了发生冲突。而孩子往往也会把责任转嫁给父母，父母催我就去学，父母不催我就不动。这也是有些父母觉得养孩子很累的原因，累在随意干涉孩子的课题。

有一个令人忧伤的现实是，父母越是在某件事情上做不到课题分离，就越会焦虑，这份焦虑导致更多的干涉和管控。而当孩子感受到被干涉和管控时，会下意识地抗拒，其结果往往是更达不到父母的期望。于是父母越做不到放手，越无法做不到课题分离，这就形成了一个无解的闭环。要打破这个闭环，就从课题分离开始。

我曾经为孩子"晚睡"而特别苦恼。我担心孩子睡眠不足会影响身体发育，于是我的做法就是去催促孩子睡觉。但凡超过我自己的红线（晚上九点半），我就变得焦虑起来，变本加厉地去催促，结果更加不尽人意。孩子在这种紧张的氛围中更加睡不着，于是睡得更晚。后来我认识到睡觉也是孩子的课题，我不能妄加干涉。我可以做到我能够做到的部分，比如放下执念、营造良好的睡觉氛围（合适的室内温度、尽早开启"睡前悄悄话"等睡觉流程）以及和孩子一起去参加亲子时间管理的课程，让孩子学会画自己的一日饼图，安排自己的放学后清单，其他的就交还给孩子了。

课题分离的第三步，就是努力做好"我的课题"，不被他人干涉。分清哪些是父母自己的课题，努力做好属于自己课题的部分，全权由自己来承担责任和结果。还是拿"写作业"这件事为例，父母自己的课题包括但不限于：

（1）努力创造一个适合学习的环境（清空玩具的书桌、安静舒适的环境、不去递茶送水打扰孩子）。

（2）为孩子树立榜样（放下手机、阅读、带着孩子一起运动）。

（3）修炼自己（改善沟通的方式、温和而坚定地提醒而不是带着情绪的吼叫、坦然地表达自己的感受而非指责、照顾好自己等）。

（4）多进行良好的亲子互动（如亲子打闹游戏、优质时光等）。

通过课题分离，孩子清楚知道写作业、收拾书包、准备上学的物品等都是他自己的事情，父母只是一个他有需要时候的好帮手。这让我很轻松，他也因为"自己能管理好自己"而感到自信，更加独立。偶尔他会在睡觉前跟我说："妈妈，明天你提醒我拿上足球包，我已经放到沙发上了，我怕我明早忘记。"

当然，课题分离不等于放任不管，而是有智慧地引导。不干涉不等于不管，就"学习"而言，更准确的表达是："学习"是孩子的课题，"引导孩子学习"是家长的课题。所以课题分离并不是说放任不管，而是在了解孩子干什么的基础上对其加以守护。家长可以为孩子提供好的教育资源；在孩子想学习的时候随时准备给予帮助，及时地给予孩子支持；在孩子没有向你求助的时候不要指手画脚。也可以用自身的行动，通过言传身教来影响孩子，带动孩子学习。

课题分离的目标，不是彼此远离，而是分离以后，各自承担自己的责任，然后健康联结，成为整体。另外，了解孩子在各个年龄段时父母扮演的角色，也能更好地帮助我们实现课题分离。

◆ 课题分离，是留白的艺术

留白，是中国艺术作品创作中常用的一种手法，是指书画艺术创作中为使整个作品画面、章法更为协调精美而有意留下的空白，使作品留有想象的空间。同样，对于教育，也要适当地留白，才能让孩子生长出自发的成长力量。

有一天晚上，七岁的哥哥正在做作业，四岁的弟弟把哥哥的一个玩具小球拿走了。哥哥见状，追上去要夺回，弟弟的手握得紧紧的，然后哥哥几乎是把他压在地上试图去掰开他握紧的拳头。弟弟力气小，被哥哥压在身下，动弹不得，哭得很大声。

我走过去问发生了什么事儿，互相倾听了对方，示范哥哥可以这样对弟弟说："小树，我没有同意你拿我的小球，请把我的小球还给我。"而不是付诸武力。

我们重复了几次，正当弟弟要把小球还给哥哥时，哥哥沉不住气了，把弟弟在幼儿园做的感恩节手工扔到了地上。弟弟拿起自己做的手工，坐在原地，很伤心地哭着……

我没有再做什么说什么，而是去洗漱了。然后我听到哥哥用无比温柔的声音对弟弟说："小树，是哪里破了还是坏了吗？这里需要我重新帮你粘一下吗？"一边粘，一边说："很快就好咯！""好啦！你看，是不是很好啊！"只听见小树答应："嗯！""那还有哪里破了吗？"哥哥又问。"没有了！"很显然弟弟已经喜笑颜开。哥哥做完作业，兄弟俩又在一起玩游戏，有说有笑。

我心里为哥哥的这个小举动感到惊喜和感动，同时很庆幸，在这件事情上，我没有过多地干涉两个孩子的行为。他们俩都有足够的空间来体会自己的感受，以及意识到自己的行为对他人造成的影响，从而做出调整和改变。这个空间，就是留白。

适当留白，不过度保护，而是激发孩子独立。我从植物的种植里获得了一些启发。有一次，我发现我种的生菜只长了一圈，而对面邻居家的已经长了好几圈。我去请教方法。邻居说，不需要每天浇水，有时候植物也需要激发它自己生长的需要，有时几天不浇水，它反而自己努力生长。在孩子刚学走路时，我们并不会过度保护他，而且让他自己走，摔倒了也等他自己站起来。那个时候，我们全然地相信孩子，静静地等待，相信自己什么也不做，孩子一个人也能克服困难。然而，孩子长大以后，我们似乎变得小心翼翼了。

鲁道夫·德雷克斯在《孩子：挑战》里对父母说："我们总是认为，孩子太小，解决不了问题，或者承受不了挫折。这个观念，必须被'信任孩子，信任孩子的能力'这样的新观念所取代，然后给予孩子合理的引导。当然，我们不会对孩子完全撒手不管，更不会让孩子忽然面对生活的所有打击。我们只是运用我们的智慧，不是一味地保护孩子、干涉孩子，而是让自己成为'过滤器'，过滤出孩子可以面对、应付的情况，然后有意识地退后，让孩子去经历、去成长。"

这个过滤的过程，就是留白，给孩子成长的空间。留白，向后退一步，和孩子保持一段距离，同时伸出手，守护在孩子差一点能够到的地方。这样，既鼓励和支持了孩子，又给予了孩子足够的空间。

英国诗人纪伯伦曾经说过："你的儿女，其实不是你的儿女。他们是生命出于自身渴望而诞生的孩子。他们借助你来到这个世界上，却非因你而来，他们在你身边，却并不属于你。"孩子是一个独立的人，不是父母的附属品，孩子和父母不是共生关系，孩子应该拥有独立的人格，孩子理应成为更好的自己。作为父母，应该尊重孩子的意愿，不要把父母的意愿强加给孩子，父母应该相信自己的孩子，让他们自由地发展自己。

> **练习：** 课题分离

请回忆近期你和孩子产生矛盾的情景，参考以下示范案例，并根据自己实际情况填写问卷进行"课题分离"的练习。

情境：

分辨课题：

不干涉孩子的课题，我可以做的是：

作为父母的课题，我可以做的是：

3.4 以合理后果代替惩罚

前文我们提到，学习、写作业、收拾书包、准备上学的物品等，这些都是孩子的课题。而父母的课题，则是为孩子创造学习的条件，有智慧地引导，从而培养孩子负责任、自律与独立等品质。传统的做法通常是恩威并重，听话的时候给奖励，不听话的时候就处罚，这样的方式有一些缺点：

第一，孩子的行为都变成父母的责任，父母很累。

第二，这些原本应该是孩子自己做的事情由父母代劳，阻碍了孩子自己学习做决定，他们解决问题的能力得不到提升。

第三，孩子的能力得不到提升，习惯没有养成，被父母责备。又因为父母强制孩子服从，孩子容易反感和抗拒。这些都不利于亲子关系的建立。

有一种变通的方法可以代替传统的奖惩制，那就是"自然后果"和

"逻辑后果"。这个方法源自阿德勒心理治疗学派，简·尼尔森博士在《正面管教》第五章也有非常详尽的阐述。它将负责任的主角由父母变成孩子，从而让孩子学会负责和自律。

自然后果是让孩子体验自己的行为所产生的自然结果，经自我学习而养成自律的行为。举几个自然后果的简单例子：孩子忘记带水杯到学校，结果就是忍受口渴，当然他也可以想办法借用学校的纸杯接水喝（如果学校有这个条件）；孩子摔倒了，结果就是膝盖受伤，一个星期甚至更长时间无法参加体育活动；孩子会从这些生活中发生的自然后果里得到经验，提高警惕，以免再次犯错。父母不用严加责备，孩子自己会汲取教训，这是自然后果。

逻辑后果是通过民主讨论的过程，孩子由行为后果来产生内在自我控制的行为，以养成负责和自律的品质。

使用逻辑后果要非常注意民主原则，否则会变成处罚，而失去培养孩子自律行为的功效。比如说，孩子打架，被规定不许吃饭，这就是处罚。再比如说，孩子没有倒垃圾，妈妈就不让他看他喜欢的电视节目，"倒垃圾"与"看电视"两者并不相关，这也不是逻辑后果。在《正面管教》第五章，提到了使用逻辑后果的 4 个 R。

Reasonable（合理的）：是否足够合理。

Related（相关的）：这个解决方案和我们的问题是否相关。

Respectable（尊重的）：这个解决方案有没有表达尊重，要做到尊重自己、尊重孩子、也尊重情形。

Revealed in advance（预先告知）：预先让孩子知道，他选择了某种行为可能会有什么结果出现。

网课期间，我中途去倒水时，回来发现哥哥在用 iPad 玩游戏，并没

第三章 "我是有能力的!"
父母如何引导孩子建立内在自信,走向独立

有遵守我们的约定。我什么也没说,拿走了iPad。上午开会,打电话,一直忙到中午,哥哥来找我,哭着说:"你要我怎么做都可以,不要连累我的作业,我要做作业。"

"看来你很看重作业。"我倾听了他。他说是的。他还讲到学校里作业三次得A+,可以获得老师一张"作业免写卡",他得到了三张"作业免写卡",有一次真正免写的机会,然而他依然写了作业。"那一页空下来我感觉不舒服。"

"你内心就有想把作业完成好的渴望。"我说。他重重点头。

"我不会阻止你写作业,因为iPad确实影响了你,我才拿走了。你现在每天都有自己支配iPad的时间,但你并没有遵守约定。如果可以重来一次,你打算怎么做?"

"我会把作业完成了再玩。"他回答。

我特别理解这个年龄的孩子,疫情期间各种网课,电子产品用得多,不自觉就控制不住。我的重点不在于玩不玩游戏,而在于约定执行。当孩子出现某项错误行为时,接受某种他不喜欢的后果,可以有效减少该错误行为再度发生的频率。如果这个行为后果是亲子双方通过民主讨论所形成的约定,这即是逻辑后果的训练过程。

在前面的故事里,我也在关注解决问题。我问孩子:"如果可以重来一次,你打算怎么做?"这样就给了孩子自主做决定的机会,帮助孩子把关注点放在"下次我怎样可以做得更好"。渐渐地,孩子会更加积极,他能想出很多办法,成为解决问题的能手。

每一次当孩子遇到挫折,犯了错误,父母应当多听听孩子的立场,和孩子讨论面对类似情境时可以有哪些选择,孩子才能积累智慧。很多孩子犯错后自己已经有些自责了,如果父母再去责备,又会给孩子增加了压力,并不利于孩子自我管理能力的发展。

在执行约定的过程中，温和与坚定的态度非常重要。

还是刚才的场景，如果我的态度是一看到孩子在偷偷玩游戏就破口大骂："你怎么回事啊你！说过多少次了，上课的时候就好好上课，上完课任务完成了你再玩，你这样偷偷摸摸算什么？再这样，一个月都不许玩游戏！"猜猜孩子遭遇妈妈这样的反应，他会有什么感受？他会怎么看待自己？

逻辑后果的目标是帮助孩子自我规范，而责备是一种强力的外在规范，并不利于孩子从内在来建立行为规范。而且，父母对孩子发脾气，孩子的注意力会转移到父母的情绪反应，他其实根本听不到父母那一刻正在教他的"道理"，只是被父母的情绪包裹，对自己产生负面的认知。如果在逻辑后果的执行过程孩子产生反抗，父母应先等自己和孩子都冷静下来之后，再和孩子重新讨论。

在养育的路上我也不可避免地会犯一些错误。

有一个周六的晚上，到了约定的最晚上床时间9点15分，伟博不仅没有洗漱，还打开了电视，要看一档娱乐节目。我几乎是气呼呼地冲到楼下的客厅训斥道："你看看现在的时间，已经9点15了，这个时候是你应该上床的时间。"我的态度有些强硬。

"这是你说的，晚上回来还能看电视！"孩子立刻反驳道。早上出门时他有一个节目没看完，我随口说了句："你回家后还可以看嘛。"

"9点15分上床也是我们约定好的啊。"我这么说，孩子一动不动。我又开始讲一些道理，他依旧坐在沙发上不动。后来的结果是爸爸也被他的行为惹恼了，开始批评他，他有情绪，更加不愿意去洗漱。最终到了晚上10点半才去睡。

温和的态度是尊重孩子，避免孩子对父母的教导产生反抗，坚定的态度是尊重自己和当下的情形，让孩子对自己的事情承担责任。很多父母容易被孩子的各种消极的对抗所打败。当孩子闹起来的时候，父母的情绪很容易被激怒，原本温和的态度随即变成生气和不耐烦。又或者是不想让自己面对冲突或矛盾带来的不适感受，采取息事宁人的态度，弃守原本坚定的原则。

一直保持平和的情绪并不容易。父母心情急躁的时候，更要提醒自己，以温和的态度来迎接问题。以温和的态度面对孩子，就不容易产生激烈的情绪。如果你留意到你对什么都看不顺眼，时不时被孩子激怒，就要去做自己的功课了。这又回到了父母的自我修炼上。

孩子为自己的需求而吵无可厚非，天底下没有不吵的孩子。只是父母需要温和与坚定的地教导孩子，让他们感受到爱，也体验规则。另外，坚定和强硬也是不同的。坚定传递的是对孩子的信任，知道孩子能够克服困难，是一种积极的等待，可以协助孩子培养负责自律的特质。而强硬传达的是对孩子的愤怒，是自上而下的纵向关系，缺少尊重与平等。

严厉的尺度拿捏不准，不仅会伤害孩子的自我价值，也可能导致孩子软弱退缩。如果一个孩子出现持续性的反抗，且行为并没有改善，父母就要引起重视，你的严厉管教需要做出调整，否则亲子之间的关系陷入恶性循环，更加难以管教。对于已经失序的孩子，严厉的态度将使得孩子更加难以走上正途。

所有的教导都建立在良好的亲子关系上，逻辑后果更是如此。亲子互相信任，才能执行双方的约定。若父母无法相信孩子有遵守约定的能力，或孩子不相信父母会彻底执行约定，又或者是家长在怒气冲冲时使用逻辑后果，那么逻辑后果的功能也就不复存在，就变成了惩罚。

3.5 不要期待孩子不学就会

《孩子：挑战》里提到，有三个影响孩子性格的外部因素，第一点是家庭氛围。孩子通过与父母的关系，体验整个社会关系。第二点是孩子在家庭中的位置。在家庭成员互动及相互影响下，每个人发展出不同的特质。第三点是父母有没有花时间训练孩子。

从孩子出生以来，穿衣服、系鞋带、洗澡、做家务，都需要具体明确的训练。花时间训练孩子的技能，应该成为家庭生活的一个常规内容。然而，很多父母意识不到这一点，却又在孩子做不到的时候，纠正批评孩子，或是责怪孩子意愿不够，而不是能力不足。这些批评只会让孩子沮丧和恼怒，孩子有可能就把这件事情和负面情绪绑在一起，决定不再学习了。而且，因为这样的纠正通常没有用处，孩子反而得到了特别的关注，会变本加厉。这也是为什么说这是影响孩子性格的第三个方面的原因。

就拿做作业这件事情来举例。孩子做作业花了很多时间，晚上作业做到很晚，父母可能会说："你看你，写一会儿玩一会儿，就是不专心！"这样想就容易引起父母情绪升级，导致挑战升级。我们认为不愿意做作业是他主观的问题，却忽略了孩子还没有养成良好的学习习惯和自控力这样的客观情况。如果父母想的是孩子还不会管理时间，需要练习，感受就不一样了，对待孩子的行为也会不一样。所以，当孩子做不到时，希望父母首先考虑的是："孩子可能还不会，需要我的帮助。""我可以怎样帮助孩子？"

世界上没有与父母作对的孩子，每个生命都是向上的，每个孩子也渴望变得更好。有一些我们认为的问题，比如说打人、沉迷电子游戏、说脏话等，这是孩子对自己问题的解决方案。在不知道有更好的方法之前，这是他的解决方案。

孩子在某个方面"跟不上"，不是孩子的错，而是他还不懂。父母要帮助他提升技能，克服困难，不惧怕失败。父母往往希望孩子独立，可我们又难以在孩子还未发展出技能之前放手，归根结底是我们没有在孩子独立前，花时间训练他们。我们通常采用的是断崖式放手，好像把孩子猛地一推，他们就能够独立。其实在放手之前，我们要花大量的时间对孩子进行训练。我们不能期待孩子没有经过一步步的训练就知道怎么做。

阿德勒在《超越自卑》这本书里说："我们不能期望一个没有学过地理的人，对地理很精通……"同理，如果我们没有教授孩子应有的生活技能（叠被子、收拾玩具、规划作业等）、人际关系技能（自律、尊重、合作等），我们也不能期望孩子展现出这些技能。

所以，我们再对孩子感到郁闷、生气的时候，可以先问问自己："我希望我的孩子现在表现好（会控制情绪/好好说话/理解我等），我教过他吗？"这个问题，能帮助我们冷静下来，退后一步，客观地重新看待挑战，能够帮助我们自己增长智慧！当然，花时间训练，重要的是循序渐进，不积跬步无以至千里。

花时间训练也要有耐心，尊重孩子的节奏。一位妈妈把车停好，自己刚下车，就对孩子说："快点啊！你快点下来啊！你为什么不下来？小心我把你关在里面了！"妈妈意识不到三岁孩子行动稍微缓慢是他的年龄决定的，他还没有能力做到和大人一样利索迅速。妈妈还去威胁孩子不下车就被关在车里，这容易让孩子感到害怕。没有一个情绪安全的环境，孩子对人的信任感和合作能力都会打折扣。

教孩子，不仅仅教规则，还要教价值观，为什么要这么做，或为什么不这么做。这有助于孩子在没人注意的时候也做正确的事情。当我们在纠正孩子时展现我们的价值观时，我们是在教导孩子为什么他们的行为事关紧要。

如果你不想孩子拉小狗的尾巴，告诉他们不去伤害其他生命（价值观），比"别拉小狗尾巴"（规则）更好。

如果你不想他们扔球进房子，告诉他们不能损坏物品（价值观），比"别把球扔进房子"（规则）更好。

当他们明白了原因，就会学会超越自身利益的思考和行动；当他们把原因了然于心后，就会在没人注意的时候做正确的事。

不去评判。有一天早餐我准备了一杯黑谷羹给伟博，他喊道："这是什么东西，我才不要喝呢。"我对他说："这是我给你准备的早餐，如果你不想要，我希望你说，谢谢妈妈，我不想喝这个。"他立刻意识到自己的态度有问题，回应我一个不好意思的表情。表达感受和想法，比起"你太没有礼貌了！"的评判，这样的回应更能让孩子知道下次怎么做。

在游戏中进行角色扮演也是一个很好的训练方式。哥哥读一年级的时候，孩子老师跟我说，他在老师上课时喜欢和同学讲悄悄话，让我和孩子沟通一下。当天哥哥回到家以后，我和他玩了一个角色扮演的游戏。

哥哥扮演老师，我和他弟弟扮演学生。他作为"老师"讲课的时候，我故意和弟弟互相讲话打闹，然后我用几个启发式提问问他：

"你作为老师，对学生打闹、讲话有什么感觉？"

他回答："很生气。"

"当你很生气的时候你想对这个学生做什么呢？"我再次问他。

"我想警告他不要讲话。"

"你觉得学生可以怎么做使得课堂纪律更好呢？"

"不讲话，听老师讲。"

第三章 "我是有能力的！"
父母如何引导孩子建立内在自信，走向独立

　　帮助孩子探讨他们的选择会带来什么后果，与家长把后果强加给孩子有很大的不同。探讨要求孩子参与进来，自己思考，自己把事情想清楚，并且确定对他们重要的是什么以及他们想要什么。其最终结果是专注于解决问题的方案，而不是后果。把后果强加给孩子，往往会导致孩子的反叛和戒备心理，而不是探索式的思考。

　　训练孩子需要富有创造性和孩子气。什么是创造性呢？比如说，对小学一年级的孩子来说，字写得潦草，很多家长看到这个问题可能就直接敲桌子了，哎，你看你怎么写得这个字歪歪扭扭的，你这个学习态度这么不好，擦掉重写！这些是不是很传统的一个方式？那什么是创造性地解决问题呢？有一个妈妈是这样回应的："妈妈发现你今天写的字好像都喝了酒。你看看他们，一个个歪歪扭扭的，是在打醉拳吗？来来来，让妈妈看看你能不能把他们一个个写得顶天立地？"请你感受一下，如果你是那个一年级的孩子，你喜欢你的父母用哪种方式和你说话呢？是第一种还是第二种？用第一种刻板的回应方式，他可能会重写，但他未必会开心；第二种回应的方式，孩子可能就会比较开心地去写字。

　　要适时地给孩子鼓励。四岁的小树一开始切西红柿时，力气小，西红柿表面的皮切不破，有点着急。我教他可以先用水果刀的尖尖戳一个洞之后再切，就很好切了。之后他越切越熟练，我会说："一开始你不会，经过练习你做到了！"对孩子每一个小成就的认可，都能够让父母和孩子享受到学习的过程。

　　我种月季，也经过了训练和学习。我有一位邻居特别喜欢月季，而且养得很好。我从她那儿学习到怎样剪枝，认识了各种虫害以及对虫害的防治措施，什么时候施肥，施什么肥等，这些都有诀窍。当我学会了这些技能，在春天收获一盆盆盛放的月季时，我特别开心。经过训练带来的成果，增长了我种月季的信心。

我们都希望孩子独立、自信。我们也要知道，建立信心是"去做"并"做到"的过程。细心地观察孩子，耐心地教孩子，真心地鼓励孩子，孩子会越来越有能力，也会建立"我能行"的感知。尹建莉老师曾说，教育中没有小事，所有的小事都是大事。父母若能从小事中教导孩子，便是为他的独立做准备。

3.6 用提问为孩子赋能

有很多孩子到了青春期，会给家长带来一个很大的挑战——不和父母沟通。在我的课堂上，时常有青春期孩子的妈妈提起孩子来就伤心落泪。之所以会这样，一方面是青春期激素水平变化很快，影响情绪。他们很有可能因为父母一句不经意的话，就倍感挫折或者愤怒，索性闭门不出；另一方面，在低龄阶段，父母沿用的一些传统的教养方式，比如批评、命令、指责、说教等，不经意间让孩子因为得不到理解而关闭了心门。

如果孩子一直"不听"，家长要反思自己平时是如何说话的。请你试着从一个孩子的角度去体会以下对话带给自己的感受和想法，哪一种方式平常在家里用得更多。

命令："快点，快点！不然要赶不上校车了！"

提问："现在 7 点 30 分了，我们 7 点 50 分要出门，你打算怎么安排你的时间？"

命令："别跟弟弟打架！"

提问："你和弟弟好好商量一下，看看可以怎么解决这个问题？"

命令:"快去洗脸刷牙!"

提问:"你的睡前清单下一项是什么?"

父母如果平时在家里多用的是"祈使句",那就要留心,长此以往这样的沟通可能导致孩子产生反叛和戒备心理。因为从生物学原理来讲,我们听到命令时的身体反应通常是僵硬的,传递给大脑的信号是"抗拒",这也就是为什么孩子会"不听"了。而被尊重地提问时的身体反应,通常是放松的,传递给大脑的信息是"搜索答案"。在搜索答案的过程中,孩子感受到了尊重、信任,因此更有可能合作。

只需要换一种相互尊重的沟通方式,其结果完全不同。和孩子说话,而不是对孩子说话。问好奇的问题,让他慢慢看见,发现自己是如何面对问题面对困难的,他就会意识到自己所选择的方式是不是自己真正想要的,改变就此产生了。孩子越大,越需要更多的"问"和"听",而不是"告诉"。

阿德勒被封为"自助之父",他坚信人们即使没有专业介入,仍可自助。而苏格拉底提问被广泛应用在个体心理学中,透过提问可以让人们主动积极地探索内在,并从中得到启发。这些启发式问题运用在我们和孩子的沟通中,则可以帮助孩子主动思考,探讨他们的选择会带来什么样的后果。比起直接告诉孩子要怎么做,启发式问题不仅能增进父母和孩子的关系,还能锻炼孩子的发散性思维,让孩子更有自主感和胜任感,觉得"我能行"。

恰当地使用启发式提问有以下几个指导原则:

(1)*始终保持对孩子的好奇心。*

这就要求我们不要预设答案,如果我们预设了答案,就无法走进孩子的内心世界。

（2）运用"是谁、是什么、在哪里、何时、如何"这样的字眼进行提问，不要使用"为什么"。

举个例子，孩子回到家晚了，你问孩子："你为什么这么晚才到家？"听起来有责备的意味。而如果问他："你今天是如何回到家的？"就多了一份对孩子的好奇和理解。

（3）在你和孩子都平静的时候使用启发式提问。

如果有任何一方心情烦躁，就先处理好自己的情绪。

关于启发式提问，还要注意提问的时间轴。

举一个例子。假设孩子需要在明天的毕业典礼上面对全校师生表演一个节目。如果我们想要祝他演出顺利，我们可以这么问：

"会有多少老师和学生出席呢？"

"明天的表演，你穿什么样的服装会更搭配你的演奏曲目呢？"

"看完表演的人带着怎样的感想离开，是你期望的呢？"

"演奏开始之前你要简短说几句话，你打算怎么说？"

如此一来，孩子就能具体而明确地做一些准备，包括从着装到提前写好的致谢词，从而确保表演顺利进行。同样的提问，如果是在演出结束后的第二天再问，会带来什么样的效果呢？

"来了多少老师和学生啊？"

"他们有何感想？"

一旦这样问，就已经失败了。即使被问者有所"发现"，也会伴随着反省和后悔——"我怎么早不这么做呢？"这样"做之后"的提问，就不如在"做之前"的提问，那是更能激发孩子力量，给孩子信心的优质提问。

想要让孩子更有信心，我们要注意提问的时间轴，要向前看，询问未来的事。另外，也要注意，你是关注结果，还是关注过程。

在接送孩子放学回家的路上，这段时光我们可以很好地和孩子聊聊天。如果你认为平时工作忙没有时间和孩子互动，那么这段路程，就可以好好用起来了，这段路程的影响甚至超乎你的想象。你是关注结果？还是很兴奋地利用这个时间来帮助孩子发展成长型思维？这非常简单。

如果你问孩子的是结果，就说明你只在乎结果，"你赢了吗？""你得了多少分？""你拿到的是A吗？"这些都在问结果。

如果你真的想帮孩子成为赢家，你问的问题就是关于经验和过程，比如"你今天学到了什么？""你帮助其他队友了吗？"而我最爱问的问题是："你在非常努力时有乐在其中吗？"

然后，很重要的一点，是要专心倾听他们的回应。我们可以给予对方最好的礼物，就是时间和专注。当对方讲话时，父母要用心倾听。

尽量问"开放式问题"，而不是"封闭式问题"。所谓封闭式提问，是指回答的范围已被限定的提问，比如"是或不是""不是A就是B"这样的问题。我们经常问孩子的，"作业写了吗？"就是属于封闭式提问。这样的封闭式提问通常能得到明确的回答，用在已经发生的事实或者是征求对方的意见时，会很有效。然而，如果一直重复这样的封闭式提问，容易令对方感受到"我怀疑你"的言外之意。

当妈妈问孩子："作业写了吗？"在孩子听来，不仅仅是在确认作业做了还是没有做，还有可能包含着"作业还没做吧"这样的怀疑态度。家长也可以扪心自问，自己问孩子"作业做了吗？"的起心动念，是怀疑他没有做呢，还是真的仅仅是确认而已。孩子的感受是极其敏锐的。家长言行背后的态度是尊重孩子、无条件地信任孩子，还是怀疑孩子，他们都能感受得到。我们可以带着好奇的态度，把封闭式提问变成开放式提问。

"今天都有哪几门功课的作业要做呢？"

"你的作业计划是什么?"

"有哪些难题是你需要爸爸妈妈来辅导的?"

孩子们会很乐意回答他们能自己思考而得出结论的提问。问出这样的启发式问题,还有一个很重要的技巧,就是能真正做到"倾听"对方的话。当我们带着对孩子的爱,带着好奇,把自己的主观想法放下,全然关注和倾听对方,也就能够提出启发式问题了。启发式提问锻炼孩子独立思考的能力,不人云亦云。在这个信息量爆炸的社会,保持清醒的独立思考能力显得尤为重要。

练习:多提问,少命令

准备一个储钱罐及若干枚硬币。当你对孩子说出命令的话时,就往储钱罐里投入一枚硬币,坚持一周,看看最后储钱罐里的钱是否够你买一个冰淇淋。

把这个方法告诉孩子,也请孩子提醒你。

3.7 不要和孩子对着干

晚上收拾玩具的战争在小叶子家几乎每天都会上演。

做完作业吃过晚饭,小叶子和妹妹俩人就开始疯玩,闹腾得根本停不下来。妈妈让她们早点收拾好玩具后洗澡睡觉,一遍一遍提醒这姐妹俩,但她们还丝毫没有停下来的意思。"我说过多少次了,玩具玩好后要收起来。你要是再不收好,我就把你们所有的玩具从窗户扔出去,下次也不给你们买了。"妈妈恼怒地说。

小叶子回应道:"我们等一下就收,我们再玩一会儿。"然而等了一会儿也没有见到她们收拾。妈妈发怒了:"你们到底什么时候去收拾?不收拾好不准进屋睡觉!"可是,妈妈又很担心她们晚睡影响生长发育,就再去催促:"快点,快点,先去把玩具收好!"最后不得已声调提高,姐妹俩开始不情不愿地去收拾了。等到她们收好,也到了晚上九点半了。妈妈无奈地又催促她们快点去刷牙、洗脚睡觉。

孩子有"Improving(改善)"的需求,他需要独立,需要自立自足,需要感知到"我能行",从而产生自信的感觉。然而,当父母和孩子之间发生冲突时,如果父母总是占上风,企图赢了孩子,这会让孩子感受到"我是无能的",他是不愿意待在"我是无能的"这个感受里面的,于是他的外在行为表现为争吵和争夺权力。要相信,父母和孩子之间发生不快,一定是两方面都有问题。

对于"能力感"缺失的孩子,他感受到自己是无能的,会特别渴望自己缺失的那一部分,外显的行为就是去争吵,去索要权力,与成年人对抗。而如果父母在冲突中倾向作出的反应是"我要你听我的""你必须按照我说的去做",会更加让孩子处于"纵向关系"的下方,感到自己无能,从而更索要权力,和父母陷入"权力之争"。小叶子在和妈妈的相处中一个习惯的模式就是权力之争。她的行为表达了她想做什么就做什么,而妈妈也不甘示弱,和她一起卷入了这场战争。

我们解决这个问题的方式有很多,比如和孩子一起商量如何收拾玩具,每件玩具放在固定的位置,在家庭会议上讨论这个议题等,而我们要秉持的一个行之有效的态度就是,从战争中退出,不要和孩子对着干。没有敌人的战场,就没有胜利可言。在儿童心理学奠基之作《孩子:挑战》这本书里提到的一个短语是"take the sail out of his wind"。让他的帆，无风可吹。

妈妈改变了做法。她只提醒了小叶子一遍，然后自己去洗了个热水澡，放松不少。然后她平静而坚定地对小叶子说："到了要准备洗漱的时间了。地板上还有一些玩具，你愿意和我一起捡起来还是你自己捡？"这时候小叶子很积极地把玩具都收到收纳箱里了。

从冲突中退出，并不是抛弃孩子，而是心里仍然有对孩子的爱。既尊重了孩子，又尊重了自己和情形。

有一天，我们原本约了给哥哥去看牙医，但因为绘画课下课晚，赶不上去看牙了，哥哥要去一个游乐园，而我认为需要先回去做作业，把该做的先完成，再去娱乐。

我俩都不同意对方的意见，都有点生气。他进自己房间关上门看书，我打开电脑工作。期间我去他房间想找他聊聊，被他拒绝了。我继续工作，他继续看书。"你想过来找我聊的时候随时来找我。"我说。

过了很长时间，我去厨房做晚饭，他过来跟我说："妈妈，去游乐园的事就不提了吧。""你这么快就想通啦！"我惊讶道。

孩子在很有情绪的时候我会先退出来，"退出战争"。当两个人都能退出战争，通过自己的方式让情绪平复，解决问题就更容易一些了。无论什么时候，当我们命令或者强迫孩子，就会导致权力之争。

将消极权力转化为积极权力，让孩子明白权利与责任并存。

哥哥有一颗牙齿需要矫正，周六去戴了牙套。当天戴了两小时，周日戴了四小时，今天白天戴了一会儿，到了晚上闹脾气，不肯戴了。他坐在椅子上，一张生气的脸，也不肯去洗澡。我对于孩子晚睡会有焦虑，真想一吼了之，然而，我不会选择我早就知道无效且伤害孩子的行为。我做了个深呼吸，让自己情绪平复，和他聊。

妈妈："看来戴着牙套令你很不舒服。"

伟博："我就不明白为什么要戴？牙齿没长正又不会怎么样，不好看就不好看咯。牙齿是我的，我就不可以按自己的想法吗。"

他说得有道理，牙齿是自己的。而且，他接近9岁了，越来越有自己的主见了。我决定和他聊一聊"权力"与"责任"的关系。

我："妈妈注意到你越来越坚持自己的想法，这是你长大了的表现，这很正常。同时，自己做决定，你知道这意味着什么吗？"

他抬起头，好奇地看着我："是什么？"

我："意味着要能够为自己的决定承担责任。年龄越大，越多的事情自己决定，那也就要有能力承担责任，这才是真正长大了。如果你做出不戴牙套的决定，你要承担的责任是什么呢？"

伟博："我不知道。"

我："你要承担的责任可能是其他牙齿换牙时受到影响，满口牙齿都不整齐；还有可能面临拔牙；可能还会影响你的脸型五官，不怎么好看……"

他没说话。我举例子，爸爸和妈妈做了生孩子的决定，就有责任把这个孩子养育好，养育到他成年。爸爸妈妈做了支持你学足球的决定，我们就承担为你付学费的责任。

我伸出两只手，和他一起比划。左手是"决定"，右手是"责任"，以后如果自己要坚持做什么，就同时把两只手伸出来想想清楚再决定。

伟博"噢"了一声，他问牙套得戴多久？我说和你每天佩戴时间有关。他决定从今晚起一直戴着。

从冲突中退出，不是纵容孩子，而是给自己和孩子冷静的时间和空间。先退出战争，父母有空间去平复情绪。孩子的情绪高涨的时刻，必然不是教导的好时机。只有当孩子的情绪安全度提升，他内心接受教导的空间才得以腾出来，才有进入认知与行为教导的可能性。

3.8 孩子打人的背后

有一位妈妈找我咨询，困扰她的问题是孩子喜欢打人。

"他老是打比自己力气小的同学。班上有一个男生和一个女生经常是他欺负的对象。昨天和同学们在公园玩，我亲眼见他打了那男生三次。他爱动手打人的现象从幼儿园就开始了，到现在三年级了，还有这个毛病。他只打那些他不喜欢、看不惯的而且比自己弱的小朋友……我想知道怎么样才能帮助他，让他明白除了打人，还有其他方式表达自己的不满，有什么好的方法能让他改掉打人的坏习惯？"

无论是兄弟姐妹之间动手，还是动手打其他小朋友，打人都让家长颇为头痛。担心给对方带来身体上的伤害，也认为这样暴力的方式不健康，于是看到孩子打人，本能地就会厌恶，心想"你又来了！""总给我惹麻烦！"产生这些想法的时候，父母和孩子是对立的。你觉得这些都是孩子的问题，并没有和孩子站在一起面对问题。这也很正常，关注行为是我们惯有的思维模式。我们要转换思维，就是和孩子站在一起去面对问题。

只有你和孩子站在一起去面对问题，才能看见孩子，打人的背后其实有太多的东西。正如我们在本书开篇就提到的那样，我们要学会做一个"会潜水"的家长,不能只看行为,只处理行为,我们要看到冰山之下,行为背后,孩子的想法是什么?感受是什么?他追求归属感和价值感的方式是什么?如果我们能去了解孩子为什么会打人,就会对孩子有更多的理解,继而产生接纳,而不是抗拒。有了接纳才会有更多的耐心。

无论是何种原因,打人这样一个不当行为是一个无法通过建设性的方式获得归属感和价值感的孩子所表现出来的症状,是孩子用于解决问题的办法。我们不要只去消除这些行为,而是要帮助他们克服困难,达到目标。

首先,家长要做的,是让他明白他的行为需要改善,而不是他这个人有什么问题,将行为和人分开。同时,基于观察和对自己孩子的了解,去看到他"打人"这个行为背后的原因。若是寻求关注,我们则可以增加高质量的陪伴;若是缺乏技能,我们可以教孩子应对的方式,或是让孩子参加一些社会情感类的学习课程来帮助他发展表达自己、与人交往/合作的能力。

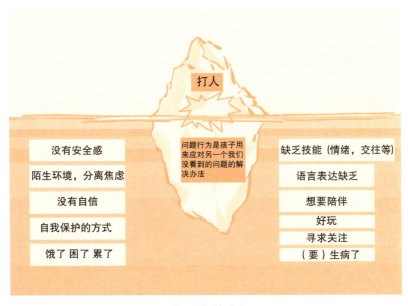

"打人"的冰山

其次，理解孩子的感受。相信你读过本书第一章，对于孩子发育中的大脑应该有些了解，当孩子的前额叶皮层失去控制，就是动物脑在主导了。这时候用一些安全的方式来摆脱愤怒的能量也很必要。前文中我们提的一些方式都可以去尝试。父母自己先冷静下来，帮助孩子重新控制自我，恢复平静。

再次，我们可以示范给孩子看，或引导孩子思考，除了打人，还有哪些其他的方式可以采用？和孩子一起头脑风暴：

- 用语言说出自己的感受和愿望
- 生气的时候去打沙袋
- 远离惹我生气的人
- 先做几个深呼吸

最后，父母和老师一定要看到孩子的进步并适时鼓励。"你昨天动了三次手，今天只动了两次手，有进步。"孩子的成长基于对正向行为的肯定，而不是对负面行为的一再批评。

做出不当行为的孩子，是因为通过正向的方式没有获得归属感和价值感，他便采取了一个没有建设性的方式来应对问题。要预防这一类问题的发生，还要回到孩子的四个基本心理需求。给孩子积极的关注，无条件的爱，并通过教给孩子有助于他们感觉到自己的能力和自信的方式，找到鼓励孩子的办法。

父母的养育方式里不可避免地会带着原生家庭的烙印，养育孩子的过程也是父母不断自我成长的过程。有时候我会发现我的成长跟不上孩子的成长步伐，我会鼓励孩子多读书，多旅行，他们会从中获得智慧。有一次大儿子和我讲到他们班上有一个同学脾气不好，引起同学之间相互动手。大儿子告诉我他的做法:"××对我大吼时,我很平静地跟他说话,这样他反而像小丑一样,拳头打在棉花上。"我当时很惊讶,问他在哪里学到的?他告诉我,是福尔摩斯的那一套书里。我及时鼓励他:"你能学以致用,真棒!"

第四章

"我是重要的！"

——父母如何帮助孩子找到
意义感，建立影响力

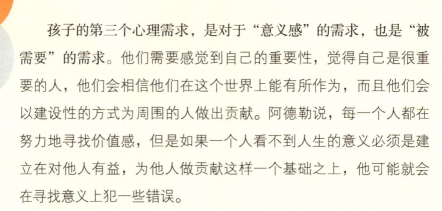

孩子的第三个心理需求，是对于"意义感"的需求，也是"被需要"的需求。他们需要感觉到自己的重要性，觉得自己是很重要的人，他们会相信他们在这个世界上能有所作为，而且他们会以建设性的方式为周围的人做出贡献。阿德勒说，每一个人都在努力地寻找价值感，但是如果一个人看不到人生的意义必须是建立在对他人有益，为他人做贡献这样一个基础之上，他可能就会在寻找意义上犯一些错误。

阿德勒提倡的社会情怀，是指我们找到了建立归属和做贡献的方式，这对一个人的身心健康有着非常重要的影响。

拥有社会情怀的孩子，他日后很愿意并且能够做出贡献，发展出自尊和同理心。而当这个"我被需要""我很重要"的感觉缺失时，孩子可能会感受到自己是多余的、无关紧要的、渺小的、受伤的。这种信念对他们来说是痛苦的。觉得自己不重要的孩子，通常自尊心差，而且可能容易放弃，他会不断地证明他人的不公正，他感到受伤时会以牙还牙。

怎样帮助孩子感受到"我很重要"，找到意义感，建立影响力呢？首先孩子的第一个需求，有关情感的需求得到满足，他就会感到有归属，感到被爱。其次孩子的第二个需求，有关能力的需求得到满足，他有能力，有自信。这样，他能够把这份爱给出去，也有能力为家庭、为社区做出自己的贡献。

4.1 社会情怀的意义

有一次我陪孩子去上海天文馆,看到由旅行者一号在 1990 年 2 月 14 日拍摄的一张著名地球照片,显示了地球像一粒微尘一样悬浮在太阳系的漆黑背景中。美国著名天文学家卡尔·萨根(Carl Sagan)博士受这张照片启发,写下了《暗淡蓝点》(*Pale Blue Dot*)一书。我深深地被《暗淡蓝点》所震撼,同时顿感自己的渺小。

暗淡蓝点(节选)
[美]卡尔·萨根

再看看那个光点,它就在这里。这是家园,这是我们的一切。你所爱的每一个人,你认识的每一个人,你听说过的每一个人,历史上的每一个人,都在它上面度过自己的一生。

我们的欢乐与痛苦聚集在一起,数以千计自以为是的宗教、意识形态和经济学说,每一个猎人与强盗,每一个英雄与懦夫,每一个文明的缔造者与毁灭者,每一个国王与农夫,每一对年轻情侣,每一个母亲和父亲,每一个满怀希望的孩子、发明家和探险家,每一个德高望重的教师……都在这里——一个悬浮于阳光中的尘埃小点上生活。

在浩瀚的宇宙剧场里,地球只是一个极小的舞台。

我们的心情,我们虚构的妄自尊大,我们在宇宙中拥有某种特权地位的错觉,都受到这个苍白光点的挑战。在庞大的包容一切的黑暗宇宙中,我们的行星是一粒孤独的微尘。在我们有限认知里,在这一片浩瀚之中，没有任何迹象表明别的什么地方会有救星来帮助我们自我救赎。

地球是目前已知存在生命的唯一世界。至少在不远的将来，人类还无法迁居到别的地方。访问是可以办到的，定居还不可能。不管你是否喜欢，就目前来说，地球还是我们生存的地方。

有人说过，天文学令人感到谦卑并能塑造性情。除了我们小小世界的这个远方图像外，大概没有别的更好办法可以揭示人类妄自尊大是何等愚蠢。对我来说，它提醒我们，我们有责任更友好地相互交往，并且要保护和珍惜这个淡蓝色的光点——这是我们迄今所知的唯一家园。

地球，这个小小的暗淡蓝点，是我们生存和生活的地方。我们有责任更友好地相互交往，并且要保护我们的家园。这和阿德勒提出的人类三大任务（束缚）的见解一致。人生的三大任务，工作、友谊以及亲密关系，都必须要相互合作才能完成。第一重任务是能力与工作。因人类生来弱小，必须培养出能力，好好工作，才能保证"我"的生存；第二重任务是共同合作。我们受限于地球的束缚，我们无法独立存活，必须跟周围人产生联结；第三重任务是亲密关系与繁衍后代。

正因为这三大任务，每个孩子内心的渴求与目的便是爱与归属、培养出能力、有所贡献、充满勇气。只考虑"我"，必然有矛盾产生。想着"我们"，便能寻求合作之道。这便是阿德勒提出的社会情怀。社会情怀是阿德勒心理学最重要的核心价值。这是一个德语词，Gemeinschaftsgefühl，其字面意思是"共同感"（feeling of togetherness）或"社区感"（community feeling）。迄今为止最贴合的英文翻译为 social interest，中文翻译为社会情怀或社会兴趣。

阿德勒心理学认为，教育的目标就是培养孩子的社会情怀（social interest）。社会情怀表现在人际关系上是指：喜欢与人互动，会关心他人，学会和其他人互相帮助，也能为他人和社区群体做出贡献。社会情怀表现在情感上是指：拥有归属感，与人有休戚与共的情感，能理解别人的立场和同理他人的感受，能鼓励他人、信任他人，与人和睦，有勇气接纳自己的不完美，能自在、乐观地生活。拥有社会情怀的人，他会更加喜欢自己，觉得自己有价值，并能为他所在的社群做出贡献（小到家庭和街区，大到整个社会）。而缺乏社会情怀的人，他们往往觉得人生比较痛苦和失败，是因为他们心中只有自己，聚焦在自己的需求上。他们习惯问："凭什么，凭什么是我？"阿德勒心理学认为："为什么必须爱邻人？我的邻人爱我吗？"会这么问的人，通常无法与人合作，因为他们表露出只关心自己的心态。

社会情怀是心理健康的指标，健康与不健康者的差异就在于社会情怀是否足够。

有一次，我带着两个孩子在商场的儿童中心玩一种软积木。弟弟拿着一块积木，旁边有个孩子走过来就要夺弟弟手中的积木，弟弟当然不让，两人争夺起来。那个孩子力气大，拿走了，弟弟去拿另外一块，他又过来抢，并伸出手过来把弟弟的脸抓出了一道红印，然后被看护他的一个长辈带走了。后来又进来一个孩子，这是一个善于合作的孩子，他们一起合作搭建城堡。第一个孩子看上去八九岁，没有任何言语，表现出来的行为是自我中心，攻击力强，如果再没有一些正面引导，他很可能再次给身边的人带去伤害。

我当时在想，养育并不是某个家庭的课题，而是我们所有人共同的课题。正如阿德勒所说，人类是一个整体，我们都面对一样的困境，经历共同的悲喜。我们始终都生活在同一个地球、同一个国家、甚至同一个街区，别人的孩子可能成为你的孩子的同事、下属、邻居、甚至可能成为家人，别人的孩子犯下的错误可能殃及你的家庭至亲。因此，"无论是我们家的孩子，还是别人家的孩子，其实都是我们的孩子"。基于这一点，就要求我们去培养与人合作的能力。人生的三大任务，亲密关系、工作、人际交往。无论是哪一个任务，都指向与他人合作，指向社会情怀。每个人都需要具备与人合作的能力，才能达成这人生的三大任务，体验更丰富的人生。

阿德勒相信，人生来就倾向于并且有能力在社会生活中与他人合作。换句话说，他认为人天生就拥有友爱、慷慨、体贴、分享与参与的潜质。然而，为何我们的身边有这样没有经过合作训练的孩子，也不乏自私自利的不那么友善的成人？在路上行车，把垃圾扔出窗外；自己狗狗的大便拉在马路上也不清理；在疫情蔓延时把急救药物囤在家中再高价卖出。这是为什么？

这是因为，社会情怀也是一种人类的能力，就像学习语言或烹饪一样，需要经过慢慢地学习，不断累积经验才得以发展成熟。没有持续的培养与鼓励，社会情怀就会萎缩乃至消失。那么由谁来培育社会情怀呢？答案就是家庭和学校。

社会情怀的发展基于人际的经验，孩子的人际经验主要受到重要他人的影响，而在一个家庭里，孩子对人产生信任的第一个对象是母亲。阿德勒心理学认为，母亲的主要责任在于开始训练与发展孩童的社会情怀。

母亲要给孩子足够的爱，要和孩子建立信任与安全的关系，铺好对人产生信任感的地基。"除非成人愿意花时间与孩子建立积极正向的关系，让孩子感受到关心，疼爱和有所归属，否则一切的管教作为都无法发挥效能。"然后，在母亲的协助与支持下，孩子与父亲及其他人建立信任关系，孩子的社会关系便由此扩展开来。这也是为什么我们国家会提出："妇女教育，功在当代，利在千秋。"训练孩子体谅他人，为他人做贡献，才能培养孩子真正的自信。这也是母亲的职责。

另外，母亲也不能宠溺孩子，而是要教授孩子生活技能和人际关系技能，示范合作与贡献，帮助他学习人类社群的游戏规则。本书的第一章和第二章详细阐述了如何让孩子感到"我被爱"以及"我能行"，在本章节，我们要讨论如何让孩子感受到"我有贡献"，这都是父母能够帮助孩子做好的准备，来协助他们拓展与人合作的态度和能力。

如果孩子在家庭生活中未能培养出合作的态度，进入幼儿园或者小学就会出现适应性问题。这时候如果学校老师有机会协助孩子培养与人合作的能力，那就可以矫正自我中心的生活形态，激发孩子的社会情怀。

家庭和学校是培养孩子社会情怀的重要环境。当父母和老师能透过行为表面看到孩子深层次的需求或者动机，便能心生慈悲，理解对方。当一个孩子经常被理解被倾听，他也能发展出同理心。当父母和老师创造机会让孩子做贡献，并时时刻刻鼓励孩子，认可孩子的贡献，他觉得被欣赏，会更加有能力感与归属感。孩子在为团体贡献时获得满足，日后将更乐意付出，发展出社会情怀。

我们在这个宇宙中并不是孤立存在的，而是凭借人际关系，存在于彼此的世界之中，所以，不能只用完美主义看人，而要看到对方的长处，肯定对方好的地方，包容对方。多鼓励孩子，肯定孩子的贡献，鼓励其滋生勇气，从而滋养社会情怀。社会情怀是身心健康的关键。当我们越来越多和人打交道，做出的贡献越多，自己也会越幸福。

4.2 让孩子参与家务

阿德勒心理学提出人生的三大任务：亲密关系、工作、人际交往。无论是哪一个任务，都指向与他人合作，指向社会情怀。每个人都需要具备与人合作的能力，才能达成这三大任务，享有相对美满的生活。

人类是社群性生物，从出生到终老都无法离群索居，人类需要与人合作，才能得以生存。在古时候，人们必须合作来对抗野生动物，以保住性命和家人安全。时代演变到现在，人们在职场上与同事合作，完成工作任务，保障生活所需；在家里与家人合作，以满足情感上的需求；与朋友的互动也需要具备合作的能力才能实现良性的互动，营造健全的社交生活。就包括小孩子，在学校里也需要与老师和同学合作，才能有效地学习。

与人合作的态度和能力，是人生成功的必备条件。而这个能力，最好的实践场所就是家里，其中一个重要的载体，就是家务。

做家务能培养自尊。获得自尊的一个好办法就是做一些实际有用的事情，去做，并做到。会做饭，会熨衣服，会缝纽扣，这些都是值得骄傲的事情。父母必须珍惜每一次和孩子一起做事的经验，给孩子鼓励，对孩子说："你能做到！""我相信你！"让孩子体验到合作所带来的成就感和自我价值感，他们会觉得"我有能力""我也在为这个团体做贡献"。

做家务能促进大脑的发展。儿童心理学家皮亚杰曾研究过，孩子的发育，最早是通过动作来发展思维的。越是喜欢动手的孩子，大脑发育越完善。脑科学研究也发现，人类动手能力的强弱与脑前额叶的发育密切相关。因为缺乏家务锻炼，现在孩子的前额叶发育越来越迟缓。而前额叶的功能包括记忆、判断、分析、理智思考，是与智力、情绪密切相关的重要脑区，这在第一章里有提及。孩子做家务，不仅仅是在"动手"，更是在"动脑"。哪怕是刷碗、洗衣服这样的小事，都是在塑造孩子的大脑，长期做家务，孩子会越来越聪明，情绪也会越稳定。

做家务也能满足孩子联结感的需求。在第二章里我提到，我和母亲之间有许多美好的互动，就是从厨房里开始的。她在厨房里炒菜，我帮她打下手；她给我们做馒头包子，我帮她和面；一边给她做助手，一边和她聊天，这是一段非常美好而温暖的记忆。在这个观察和参与的过程中，我也学会了很多手艺，如今我的厨房，也是孩子最喜欢的地方。

良好的人格特质不是经由训导而养成，而是从日常生活中的人际互动和参与家务中培养出来的。父母的责任在于利用生活情境，让孩子通过自我照顾和帮助家务，培养未来进入学校和社会生活所需要的合作能力和特质。过度照顾孩子，孩子便失去了锻炼这些能力的机会。

社会情怀的开发是从家里开始的。让孩子参与家务，不仅能够培养孩子的联结感、胜任感，还能让孩子因为对家庭有贡献而感到自己很重要。这样的活动不需要支付昂贵的学费，却能提升孩子主动帮忙的热情，加强他与人合作的能力，这比市面上任何一个兴趣班都强。

❏ 几岁可以开始做家务？

从婴儿期开始，孩子就想要自己做事。他们伸手抓勺子，想要把食物送进自己嘴里。这时候父母就要支持他自己做，尽管他可能会把食物弄得到处都是。有些父母或是祖父母因为怕脏，嫌收拾起来太麻烦，往往阻止孩子，这很可能让孩子觉得受挫，感到气馁。比起收拾残局更重要的是，孩子的信心。让孩子自己尝试，他会感觉到"我能行""我做得到"我曾经有一个简单粗暴的做法,就是在夏天时,让六个月的小树自己吃完,然后连人带餐桌推到洗手间去冲洗。

在孩子自己尝试的过程中必然需要家长的协助、指导和手把手的训练,这也是为人父母的责任。给孩子机会,让孩子自己做,他在这个过程中不仅增长了能力,还增长了信心。当他长大后,他就会养成自然的行为倾向,愿意为自己、为他人做出更多贡献。

小树六个月自己吃饭,他到了一岁多也很愿意来帮忙,经常说的就是"我寄儿(自己)来!"到了两岁,他已经可以把一箱鸡蛋完好无损地放进蛋托,放好之后他脸上露出的自信让他的小脸看起来光芒万丈。两岁他会打鸡蛋、搅拌、煎饼、摘菜……到了四岁的时候,他已经能够炒饭、洗碗、做寿司,小朋友真的很喜欢在厨房里帮忙和玩乐,除了思考能力和精细动作得到了锻炼,还有很重要的一点,这也是一段优质的亲子时光,这也能让孩子感受到和父母"有联结"、感受到归属感。

我常常会有意识地让他们合作和参与。因为很长时间我是独自带两个孩子,先生的工作很忙,能在八点前回来的次数屈指可数,很多时候是十点甚至更晚。

有天早上,哥哥幼儿园安排远足,我需要给他准备中午的便当。但是我要收拾早餐后的餐具和晾晒洗衣机里洗好的衣服,还要给弟弟洗脸换衣服。哥哥早早自己准备好了,但此时还没有到出门的时间。他在一旁喊无聊,我就提议他来切西红柿和打鸡蛋,这样我把衣服晾了很快就能炒面。他欣然同意了。

傍晚我请他把露台的纱门关好,以防蚊子进来。他说,我才不关呢。我说:"你是这家里的一分子,你可以贡献自己的力量。"他就去做了。没有老人帮忙的好处是很多时候哥哥帮忙,这样家务也做了,还锻炼了孩子。

有时候做晚饭，我也分配他们点活儿干。比如，煎鸡蛋时请弟弟打鸡蛋，他一岁九个月，已经很会打鸡蛋了，打完鸡蛋放进碗里，然后拿根筷子在里头转圈，还不会搅拌。

因为我偶尔会把他做家务的视频发到朋友圈分享，也吸引了一本亲子杂志社的注意，对他进行了专访。他做家务的视频也被国内大概十几位正面管教讲师分享到讲座上，以激励更多的家长放手让孩子做家务。

也许你会有一些关于家务的信念，如果你成长在传统价值观的家庭，可能会认为男人就应该赚钱养家，女人来操持家务，怎么能让男孩子做家务呢？这些信念是你在生命早期形成的，因此你也可以改变这些信念。如果你希望家庭变得更像是一个团队，而不是只有自己在不停地为家务活而忙碌，你可以告诉家人想要互相帮助，可以在家庭会议上讨论如何进行家务分工，经过一段时间，你会惊讶于一家人共同做家务给你的家庭带来的改变。

在《养育男孩》这本书里，提到让男孩做家务有利于男孩的成长。第一点，帮助他们做好独立生活的准备。而且男孩会做家务活，对女孩非常有吸引力，不亚于跑车对她们的吸引力。第二点，作者也提到做家务是赢得自尊的好办法。作者建议，当孩子长到十岁，应该让他为全家准备一顿完整的晚饭，以后至少每周一次。第三点，教男孩做家务还能增进亲子交流。无论是一起准备晚饭还是将餐厅打扫干净，这个过程中孩子会不由自主地告诉你一些他平时不太愿意分享的事情。

当孩子一学会走路，就可以做一些家务了。孩子越小，越会把做家务当成一种乐趣和生活中很自然而然的一部分。现在很多父母为了孩子能够专心学习，而避免让孩子接触家务，这是非常不明智的行为。这样不仅没有锻炼能力，建立自信，还丢失了家庭责任感。

《中国教育报》发表过一篇"孩子做家务年龄对照表"，可供参考。

给孩子过好一生的勇气
基于阿德勒心理学的养育技巧

（上幼儿园前）3~4岁

幼儿园前是家长引入负责概念的好时机。爸爸妈妈可以像做游戏般引导孩子做简单的家务，多鼓励赞美孩子。

 • 丢垃圾

 • 收拾玩具

 • 开始锻炼独立刷牙

 • 学习叠衣服铺床

 • 学习摆桌子

 • 学习擦灰

 • 选择要穿的衣服

一年级（6~8岁）

当孩子一年级的时候，爸爸妈妈应当放手让孩子独立做更多事情。

 • 把要洗和要穿的衣服整理好

 • 整理书包

 • 自己整理穿戴

 • 独自准备好上学

 • 丢垃圾并学习垃圾分类

 • 每周打扫一次房间

 • 饭后收拾碗筷，并放入水槽

 • 摆桌子和椅子

 • 在指导下把衣服放到衣柜里

二年级（7~9岁）

孩子二年级时，就可以在之前的家务基础上教孩子使用一些电器，当然最重要的还是要提醒孩子安全使用。

 • 上学前整理好书包和穿戴

 • 学习使用电饭煲煮饭

 • 学习洗碗

 • 会用吸尘器吸尘

 • 会使用微波炉

 • 收拾自己的房间

 • 在妈妈的帮助下做简单的早饭

三年级（8~10岁）

到孩子三年级的时候，爸爸妈妈可以让孩子多参与到家庭计划的制定中，鼓励孩子提出自己的意见。

 • 准备菜单

 • 写采购清单

 • 和爸妈一起做出行计划

 • 会煮饭和做简单的菜

 • 把衣服分类放进洗衣机清洗

 • 叠衣服

 • 把衣服放到衣柜里

 • 保持自己的卧室整洁

 • 帮助妈妈进行大扫除

家务活

第四章 "我是重要的！"
父母如何帮助孩子找到意义感，建立影响力

❏ 如何让孩子主动参与家务？

有些父母可能会说，我也让孩子去做家务啊，可是孩子不愿意做。那么可能在孩子很小的时候，他跟你说他要帮忙的时候，你说："你做不好，你到一边去。"或者你会对孩子所做的加以评判，这样就打击了孩子要帮忙的信心。我记得有一天我要准备课程，打算去院子里采一些花，每一次上课我都会搭配不同的鲜花。伟博说："妈妈，你去上课，我来帮你配花。"他正要采绣球，我说："绣球开得太小了吧，都是花苞。"他一听我这么说然后就不想做了，剪刀一丢，说妈妈你自己配吧。

孩子渴望自主。当孩子可以自己做决定时，他的潜能就会最大限度地发挥。想要激发孩子的学习动机或做事情的动机，要做的第一件事就是满足孩子的自主性需求。当孩子有选择权时，他的自主性需求就会得到满足，也更愿意去做一些事。我们要怎样提供选择呢？用"自愿认领"代替"安排家务"。

我们不妨在家里头脑风暴，看看都有哪些家务要做，列个清单。然后，让孩子自愿举手认领哪一项或哪几项。这样做的结果是，每个人都主动积极完成自己那份，场面和谐。家庭是一个团队，家长是家庭教练。家务分工自愿认领，每个人都很积极。

有时候孩子会认领一些他们能力范围之外的家务，但是没有关系，可以花时间训练他们。有一次哥哥认领了做午饭，包水饺。过程中他时不时跑来问，我都会耐心地给予指导。

"妈妈，水位是在 1 400 到 1 600 毫升之间吗？"

"是大火还是小火？"

"是盖锅盖还是不盖锅盖？"

"沸腾是那种波涛汹涌的样子吗?"

……

有一次我们认领家务没有按项目分类,而是按区域分类,几个人采用抓阄的方式,也很有意思。哥哥把家里分了11个区域,客厅、厨房、餐厅、楼梯间、客房等,平均下来每人三个。孩子常常脑洞大开,他另外做了一张空白纸条,谁抽到了空白纸条,谁就可以少做一个。然而弟弟说,这个是帮助条,谁抽到了,当自己的任务完成了可以去帮助别人。

抓阄的过程本身很有趣味,气氛很热烈。随着哥哥喊着:"三、二、一,开干!"每个人都兴致勃勃地做起来。我抽到"午餐",也准备得格外用心,他们都夸好吃。我称赞伟博做事情好积极啊,他回答:"这是我的任务啊!"爸爸在吃午饭时就问大家晚餐吃什么他去准备。不一定要把事情做得很完美,重要的是这个过程里体现的自主感、胜任感、联结感。

邀请孩子在家里和学校承担更多责任是一种鼓励。孩子通过鼓励会推断,爸爸认为我应付得了,妈妈认为我能行。如果孩子的反应是"为什么是让我来做?"这时候就要审视,是否是孩子的社会情怀的发展受到了阻碍。开放式地做决定,可以极大帮助孩子从解决问题中获得自信。

社会情怀虽然是天生潜能,但是需要后天的开发与唤起,社会情怀的发展需要付出一些努力。让孩子参与家务劳动,是培养孩子对家庭的贡献感的一个简单而有效的方式。

我在朋友圈的记录:

"昨天的晚餐，我和两个孩子一起剁肉馅、加入香菇末、胡萝卜末做成了肉丸子，还包了包子。从四点半回到家到入睡之前，四个多小时我们全然享受在这段烹饪的过程中，时间过得很快。这是实实在在的生活，这也是人们常说的'接地气''烟火气'吧。

如果父母的心静不下来，无法跟孩子好好在家生活，只能一起做消费型的娱乐活动，例如，旅行、购物、外食、游乐场……甚至很怕跟孩子一起待在家里，觉得没事可做，不知如何相处。这样，孩子的成长就会缺少一种根基，一颗服务的心，而这些只能从家庭获取。让孩子参与一起做家务，通过服务传达对彼此的爱，有能力爱他人，也感受到被爱的美好，这是一体两面的教育。"

在阿德勒看来，"社会情怀"是心理健康的同义词。心理健康的人通常都会表现出高度的社会情怀，反之亦然。家庭是培植社会情怀的绝佳土壤。让孩子多多参与进来吧，他会认为自己归属于家庭和社区，会竭尽所能做出自己的贡献。

练习：家务分工

和孩子一起头脑风暴，家里都有哪些家务活要做？会写字的孩子，可以让他列出家务清单，然后请每个家庭成员自行认领，把名字写到对应的家务活后面。过程中不点评、不批评、不强迫，相互尊重。

4.3 表达真实感受

要影响你的孩子,还需要尽可能地让你的情绪、语义和意愿被孩子了解。前文我提到过,如果要问亲子沟通最重要的两个方面是什么,那就是"倾听"和"表达"。父母倾听孩子,表达理解孩子的感受和想法,同时向孩子表达自己的感受和想法,让孩子理解自己,在这样的双向倾听与表达中,彼此理解,生命得以成长和发展。

在许多家庭中,当父母要去表达自己的感受、想法和期望时,却是以"你"开头的:

"你怎么把玩具丢得满屋子都是!说了多少遍了,玩具玩过就收好!"

"你别穿着白色衣服去爬山!"

"你是怎么回事?搞到这么晚才回家,你心里还有没有我这个妈!"

这些话,主语是"你"。听的人会觉得被批评,被指责,自然反应是为自己辩解或者反击,容易引发矛盾,就更谈不上和父母合作了。

换一种方式,以"我"开头的表达:

"宝贝,妈妈上班累了一天回到家,看到这一屋子的玩具,感到很烦躁。我担心踩到玩具会摔跤,我也希望家里能整洁一些。"

"穿白色衣服去爬山,衣服容易弄脏,我洗起来特别费劲。

"放学后你没有打电话,也没有回家,我担心你发生了什么事情,你下次如果不能按时回家,能不能提前给我打个电话?或者发个信息告诉我也行。"

这些话,主语是"我"。坦然承认自己的感受和想法,让对方明白,这不是直接指责对方,而是清楚地告诉对方我们的希望。这就是正面而有效的沟通。所有以"我"开头的句式只描述了对方的行为给你带来什么感受,着重在你自己,而不在孩子。说出了感觉,并无责备之意,而此时对方往往会倾向于合作。

家长课上有一位妈妈在学习了"我"句式这个工具之后,向我们反馈了一个小故事。

有一天,孩子没有收拾玩具。爸爸说:"快把玩具收起来!"听到这样的命令,孩子没有理会爸爸。学过新方法的妈妈这时候使用"我"句式和孩子沟通:"宝宝,这么多玩具在地上,我走路就会不小心踩到。我担心我踩到玩具以后会摔倒。"然后孩子自己把玩具收起来了。孩子不仅倾向于合作,也不会破坏关系。

如何传达"我"的信息:

在表示你对孩子感到不高兴时,先考虑一下:是孩子行为的本身让你不高兴?还是行为的后果影响了你,干扰了你的需求和权利?如果孩子的行为不会产生这样的后果,你也许便不会受到烦扰(除非这行为是有害或危险的)。

例如:

你在书房工作,两个孩子在客厅玩,大声嬉闹,玩得兴高采烈,他们的吵闹声并没有烦到你。这时候,电话铃声响起,你接通电话却听不清对方在说什么,那么现在孩子的行为就干扰到你的需求了,你因此感到不高兴。

很显然,干扰因素是挫折感——行为后果造成的挫折感,所以,当你告诉孩子你对他们的行为有怎样的感受时,应该让孩子知道你的感受与他们行为所产生的后果有关,而不是行为本身。"因为太吵了,我听不见电话的声音。"

我们想要专注于行为造成的后果，而不是行为本身，所以，"我"句式一般分为三个部分：

（1）描述干扰你的行为（只描述，不含责备之意）。
（2）叙述行为造成的后果给你的感受。
（3）这个行为对父母造成的实际而具体的影响。

总而言之，"我"句式一般包含有三个情境因素：行为、感受、后果。有几个简单的公式用于表达"我信息"：

当……的时候（叙述行为）
我觉得……（叙述情感或感受）
因为……（叙述行为后果）

如果我们把前面的例子放进这个公式，我们可以说："当你们两个在客厅玩耍大声说笑的时候，我觉得有点烦躁，是因为我听不清楚电话里我的客户在说什么了。"强调"因为……"可以让孩子知道你的感受与行为后果有关，而不是因为他们行为本身。让孩子看到自己的行为对于他人的影响，也是在教导他合作，培养社会情怀。

有关"我"句式的各个部分也不需要每次都一起传达，也不一定永远要含有感受的叙述。

例如：
有这么多的吵闹声，我听不见电话。
到处都是玩具，我没办法走路。

在与孩子的关系中，我们所寻求的沟通方式是让孩子觉得受到尊重。共情是去理解孩子，"我"句式是让孩子理解自己，这之间是一种真诚、真实的情感。这样的沟通不仅仅适用于亲子之间，夫妻之间、朋友之间同样可以。

我们可以回忆自己在和爱人有争执的时候，是不是说的很多话都是"你"句式：你怎么又这么晚回家？你怎么又喝酒了？你怎么都不知道看着孩子，就自己在那儿玩游戏？……这种沟通之下，两个人都是越说越生气，还很容易把陈年旧事再翻出来，目标只是为了能够打压对方，让自己立于不败之地，赢了这场战争。

如果换成"我"句式，我们可以怎么表达自己呢？我可以说出自己的担心，"我很担心，是因为你上次喝多了酒之后胃痛了几天……""看到你一回家就躺在沙发上玩游戏，也不看着孩子，我有点纳闷，你是太累了吗？我希望你能搭把手，让我休息一下。""我"句式其实在一定程度上可以说是适当示弱，毕竟我们把自己脆弱的一面展现了出来，其实谁强谁弱并不是很重要，重要的是，我们要解决这个问题，而不破坏关系。通过运用"我"句式，表达真实感受，一方面是增进理解和联结，另一方面也指向合作。学会合作意味着发展社会兴趣。阿德勒反复强调，培养合作能力是避免儿童产生心理问题最有效的方法。

4.4 赢得孩子的合作

辅导孩子写作业是很多家长面临的一个老大难的问题。网络流传一句话："平日里母慈子孝，一写作业鸡飞狗跳。"很多时候，到了晚上，还能听见居民楼里高分贝的催促声:"你看看现在都几点了啊!已经八点啦,你快点吧,完成作业了去洗澡!"

过了一会儿,家长过来一看:"什么?两小时你才写了40个字,我的天哪,你还要不要睡觉了?快点,快点写!"这一遍似乎也不管用。

终于,家长忍不住爆发了:"我跟你说几遍啦!你把我的话当耳边风了吗?我让你快点完成作业,你听见了没有?"

然后孩子哭了起来,又或是不满父母的说教和责备,叫嚷到:"这作业太多了,我不想写啦!"这时候处在失去理智和焦虑的情绪中的父母有可能继续应战:"别磨叽了,难道就你作业多吗?你不早点写完,周末就别想玩游戏了!"

我在讲座现场通过角色扮演的方式来展现这个场景的时候,现场的家长们有的说:"这一点都不夸张。"有的说:"这就是我家的真实情况。老师你是不是在我家装了一个摄像头?"

其实辅导作业并没有那么可怕,无论是什么样的挑战,核心都是父母和孩子如何合作。掌握了赢得孩子合作的方法,孩子的作业问题和其他一系列的挑战都很容易得到解决。家长也不至于当时心跳加速、血压飙升,到了第二天,又后悔莫及觉得不应该吼孩子。

首先要知道,当你一句话说了很多遍都不管用,当你一种方式用了很多次并没有赢得孩子的合作,就说明这句话、这种方式是行不通的。你一定要思考,我要怎么表达才有用呢?我要怎么说孩子才会听呢?

在《正面管教》一书里,简·尼尔森博士讲到的"赢得孩子的四个步骤"是一个非常好的方法,它能营造出一种让孩子愿意听、愿意合作的气氛。

赢得孩子的四个步骤:

第一步:表达对孩子感受的理解,并且一定要向孩子核实你的理解是对的。

第二步：表达对孩子的同情，但这并不意味着你认同或是宽恕孩子的行为。如果父母也有类似经历，不妨告诉孩子，这能够增加孩子对你的信任，也能够让孩子感受到你对他的痛苦感同身受。

第三步：告诉孩子你的感受。如果你真诚而友善地进行了前面两个步骤，孩子此时就会愿意听你说了。

第四步：让孩子关注于解决问题。问孩子对于避免将来再出现这类问题有什么想法。如果孩子没有想法，你可以提出一些建议，直到你们达成共识。

带着友善、尊重和对孩子真正的好奇，这样的态度是你赢得孩子合作的根本，这比以上四个步骤的技巧更为重要。

当你看到孩子很久都没有做完作业，听到孩子说："妈妈，作业太多了，我不想写了。"

第一步：表达对孩子感受的理解。"你白天已经在学校学了一天了，回到家里还有这么多的作业，肯定早就累了吧？来，妈妈抱一下。"

第二步：表达对孩子的同情。"你看到作业这么多，就想放松一下，我能理解。我前段时间做一个项目，一想到有那么多工作要完成我就头大，我回家以后也想什么都不做，只想刷刷剧休息一下。"

第三步：告诉孩子你的感受。"妈妈看到你在书桌前坐了两个小时了，又心疼又着急。我希望你能早点完成了去睡觉，保证一个充分的休息。"

第四步：让孩子关注于解决问题。"对于作业太多这件事，你能想到什么解决的办法吗？"如果孩子暂时想不出，可以和孩子一起出主意，协商可行的方案。

有时候甚至不用四个步骤，只表达出对孩子感受的理解，孩子也能合作。

有一次，伟博在好朋友家做作业，好朋友们在一旁玩游戏机，伟博时不时中途跑过去看。我和爸爸的两种不同的对应方式带来两种不同的结果。

第一种方式："你怎么又跑去玩了，伟博，你快点过来，先把作业做完了再去玩！"伟博纹丝不动。

第二种方式："伟博，那边的声音很吸引你吧！总是忍不住想过去看看。要是我也会忍不住。"伟博笑着点头，再也没有过去看了。

在纠正孩子的行为之前，先要赢得孩子的心。任何时候都要记得，关系大于教育。就算你什么都懂，但是你跟孩子的关系不好，孩子也不愿意听你的。你们的关系才是教育的前提。所以，和孩子建立合作的首要一步，是表达对孩子感受的理解。不要大惊小怪他怎么会有这样的感受，他怎么会这么想，要知道，每个人都是独立的个体，每个人的想法都不同，感受也不一样。

有一次，一向最喜欢游泳课的哥哥伟博，告诉我他不想去上游泳课了。我开始去理解他的感受，才了解到他上次游泳课有两次呛水，是被救生员救下来的。"要不是救生员来了，我都要淹死了。"他说的时候眼泪都流下来了。理解了他在上游泳课的过程中有些紧张和害怕，也有对自己学不好游泳的泄气，我说："换作是我，也不想去上游泳课了。"这个时候我的感受全然和他在一起。同时，我也向他表明："有救生员在，你是绝对安全的，最多是鼻子呛水不舒服。"

再了解得多一些，原来是他刚刚换到深水区，有的小朋友因为身高够所以就可以站在水里，而他却不能，所以这里面也有身高不够的沮丧。一次次倾听他，一次次就了解得更多，也能一次次理解他。到最后，他没有情绪了，主动说："我还是去上游泳课，我可以去问问老师什么时候让我到浅水池。"

我没有说教，也没有给建议，只是倾听和支持，并给他信心，孩子自己的力量就这样一点点增强了。

我们和孩子建立关系的过程以及建立关系的方式，都会辐射到他的其他关系里。

有一天，哥哥也用这四个步骤缓解了弟弟不肯拔刺的焦虑。那时候哥哥七岁半，弟弟四岁半。

弟弟手上不小心扎了一个刺，我需要用针帮他把刺挑出来。他怕疼，一直哭，把手伸出来，又缩回去，如此几次，就是不肯让我给他挑。来来回回很多次，我差点要失去耐心了。

这时，哥哥对我说，不要强迫小树。然后，他对小树说了第一句话："小树，你是一想到要拔刺就有点害怕吧。那你不想拔就先不拔，等你想拔的时候再拔吧！"听到哥哥这么说，弟弟明显安心了很多。

接着，哥哥说了第二句话："我小时候也被刺扎过，也是用针挑出来的。"弟弟问他疼不疼，哥哥说："不是很疼。你打过疫苗吧，还没打疫苗疼。"

哥哥说的第三句话是："你的刺今天得挑出来，不然你睡觉的时候一翻身，刺可能会扎得更深呢。"

第四句："你让妈妈给你挑，可以用不尖的那一头。而且，妈妈你同意挑完了给小树看一个火车视频吗？"

就这样，弟弟虽然还是怕疼，却鼓起勇气把手伸给我了。

挑完刺，哥哥说："你看，你是可以做到的！"

处理孩子遇见的问题和矛盾，我们首先要用同理心去倾听，同时鼓励孩子，自己找出解决方案，并给予及时的肯定与鼓励。这样孩子也能习得和他人建立合作的方式，我们便能培养出一个有共情力和同理心的，并善于解决问题的孩子。

要注意，孩子的发展不是线性的，有时候懒散贪玩，有时候以自我为中心，这都很正常。只要亲子关系是良好的，这个孩子对社会是充满善意的，父母和老师给他支持，他一定会发展得很好。因为感知到"我有能力""我能贡献"，这个孩子的内心是积极的，充满热爱的。因为热爱，他愿意去不断地学习，才会发展出能力。他会去思考：我擅长做什么？我能给这个社会带来什么？这个社会对我的认可是什么？

> **练习：赢得孩子合作的四个步骤**
>
> 在出现冲突或意见不一致时，运用以下四个步骤：
>
> 尝试先理解孩子；
>
> 表达对孩子的接纳；
>
> 表达对自己的感受；
>
> 邀请孩子一起找到解决方法。

4.5 做孩子的榜样

犹太妈妈沙拉·伊马斯讲过这样一个故事：她有三个孩子。在母亲节那天她收到了大儿子和小女儿的祝福和礼物，唯独没有收到二儿子的。到了这一天快要结束的时候，她给二儿子发了一条语音，在语音里，

第四章 "我是重要的！"
父母如何帮助孩子找到意义感，建立影响力

她没有质问孩子为什么一句问候也没有给她，而是感谢儿子："因为有你，我得以成为母亲。因为有你，在我最困难最无助的时候，你给了我无穷无尽的力量。"她把多年来的感受包括儿子参军时她的担心和焦虑都在语音里做娓娓道来。她还告诉儿子："如果有来世，我多么希望还做你的母亲。"收到这样的语音表达之后，二儿子泪流满面。此后的母亲节，他再也没有错过一个问候。

用感恩的方式教导孩子感恩，比起责怪孩子没有表达感恩，要有力量得多。要教孩子智慧，就要比他更有智慧。无独有偶，我想起来曾经有一次，我在向我的大儿子道歉时，也得到了他的反思。

在我们的"睡前悄悄话"时间里，我向伟博道歉："我刚才生气，是我自己有情绪，我把我的情绪袋子倒向你了，对不起。"他问我为何有情绪。我说："我看到有人比我做得好的时候就对自己生气了。我只是拿自己和别人去比较了，虽然知道没有可比性，有时候还会这么做，这时候我就比较难过。""再去努力不就行了。"他说。轻描淡写的一句话，令人释然很多。

"其实我也有不好的地方，就是把情绪发泄到弟弟身上。"我的反思也引起了他的反思。

"我们想想有什么方式可以提醒自己呢？"我问。他想到做一个情绪选择轮来提醒自己。和我聊完，他安稳地进入了梦乡。

现实生活中，有些父母用打孩子的方式教孩子不要打人；用吼的方式教孩子好好说话；用批评的方式教孩子包容他人，其教育效果往往不尽如人意。一方面，孩子是通过模仿来学习的，另一方面，孩子经由体验来学习。他首先要感受到来自他人的理解和包容，才能发展出对其他

人的理解和包容。

要将孩子培养成富有同情心和社会情怀的人，就需要父母的引导和以身作则。父母榜样的力量很重要。

在2022年上半年新型冠状病毒感染疫情（简称"疫情"）期间，我先生不仅去做志愿者，还募集资金给附近几个小区的保安提供行军床，购买郊区农民的球生菜1 700斤，再把这些球生菜捐赠给小区居民。我们在例行的家庭会议上讨论时，大儿子称赞爸爸的做法很棒，既帮助了菜农，又帮助了居民。我们讨论了如何在能力范围内去帮助更多的人，什么样的人生才有意义。我也注意到孩子在疫情期间也非常积极地为小区居民分发团购的物资，当我们为保安做好饭，他会踩着平衡车给保安送过去。

为了方便大众买药，腾讯做了一个小程序"新冠防护药物公益互助平台"。先生时不时浏览这个平台，看有谁急需要药，家里有的就给人送去。有一天半夜十二点我看到他还在给人送药。他说，自己有药能帮助人就去帮助一下。我们也和孩子讨论了这样的"守望相助"的线上平台对社会的意义。

有时我会被问到小学阶段最重要的规划是什么？我觉得最重要的规划是你要教孩子做一个善良的人。父母要抓住每个机会，引导孩子去为别人着想。如果你的孩子将满足自己的欲望视为最重要的事，这表明他的社会情怀还需要被进一步的引导和开发。正如我们前文提到，养育是我们所有人共同面对的课题。你的孩子是你的，同时也是这个社会的。建立好的亲子关系也是我们一再重申的重点，孩子的动力永远来自家庭对他的爱，他有足够的爱，才能回馈给这个社会。他因为对这个社会的贡献而更觉得自己有价值，这就在人格的最初发展阶段建立了良好的基础。

第四章 "我是重要的！"
父母如何帮助孩子找到意义感，建立影响力

父母作为榜样的力量会体现在方方面面。我的一位表哥，他自己没读什么书，他来问我，自己文化程度有限，不会辅导孩子的功课，怎么样可以更好地支持孩子的学习呢？我说，你就不要刷抖音了，孩子做功课的时候你就去看书，哪怕看不进去，装装样子都行。后来有一次春节再见到表哥，他告诉我，他看不进书，就在孩子做功课的时候去临摹毛笔字，一年下来，自己居然习得了一手好字，孩子不仅成绩不错，字也写好了。父母对孩子的影响是润物细无声的，比如学习、阅读、听音乐这些事情，强行要求孩子往往适得其反，尊重孩子，以身作则，则会带来更好的效果。

共情他人的能力也是如此，也需要后天反复的体验才能培养出来。不要对孩子现在表现出来的以自我为中心过分焦虑，他只是还没有发展出来共情他人的能力。

按照马斯洛的需求层次理论，孩子首先考虑的是安全的需求。这些满足了，才会发展出包容他人的能力。所以我们要让孩子的前额叶皮层处在安全的状态，然后去给孩子示范倾听与鼓励，孩子自然会体验到并习得这些技能。在第二章里我们讲了很多关于如何倾听孩子的心法和技巧，这能够帮助我们同理孩子，并加强孩子对我们的信任，同时增强他的自信心。当孩子在与外界交往或其他事情上表现出害羞、害怕等感受时，仅仅对孩子说不要害怕、不要害羞是没有太大用处的，更好的做法是能认可他的感受，并马上给予鼓励和支持。

共情并不是一下子习得的。我们思考和练习共情越多，我们的共情能力就会变得越强。阿德勒说："用他人的耳朵去听，用他人的眼睛去看，用他人的心去感受。"如此，我们便能将更多的慈悲带到这个世界。

4.6 家庭氛围对孩子的影响

在孩子人生的拼图里，有很重要的一块，是父母遇到问题时的沟通方式。家庭中不可避免会遇到各种各样的难题，这些难题本身不会产生不利的家庭气氛，夫妻之间的关系以及处理问题的态度和方法是影响家庭气氛的关键。例如，家里谁来做决定？以什么样的方式做决定？家里的整体氛围怎么样？你会就某个事情询问对方的想法吗？你会感谢身边的人吗？还是把怒火发泄到家人身上？家人感受到的是羞耻和内疚，还是骄傲和快乐？家庭氛围是一个神奇又微妙的场域，家人之间的紧张、焦虑，又或者开心或快乐，都会被天性敏感的孩子看在眼里，记在心里。

家庭是一个系统，如果夫妻之间矛盾重重，势必会影响其在父母角色上的合作。父母经常吵架，孩子夹在中间，弱小、无助，最恐惧的就是父母冲突时的相互叫骂。这个孩子以后可能会对指责过度敏感，任何纠正或反对意见都会让他/她情绪反应激烈，又或者他/她会把所有的过错都揽到自己身上，认为自己不够好。家庭氛围对一个孩子的性格和心理健康的发展有很大的影响。

家庭氛围对身体健康也有影响。在夫妻关系良好、相互合作的状况下，孩子才能自在地和父母相处。一个健康的、充满欢笑的家庭氛围能够让孩子感到安全，感到自己是重要的，也更能自由地发展自己，而一个紧张的家庭氛围会造成孩子过度的情绪负担，不仅导致一些身心症状，还可能影响身体发育。肠道是我们的第二个大脑，对情绪非常敏感。有些人，遇到紧张或不开心的事情，会有打嗝、反胃等状况发生；还有些人，遇到紧张和压力时会紧急地拉肚子。有些情绪压力大的孩子，往往脾胃弱，而且也消化不了太重口味太高热量的食物，他们需要清淡饮食，需要轻松的心情。

不和谐的家庭关系也会影响孩子的学习。有一个男孩，天资聪颖，不仅学习成绩很好，足球也踢得很好。有一段时间，体育老师发现球经过他身边他也不跑着去抢球，似乎有很多心思。数学老师也发现他上课走神，很多知识点没有学会，以至于成绩退步了。后来发现，那段时间，妈妈总是不停地抱怨爸爸，临近睡觉时间还同意孩子看电视玩游戏影响了睡眠，爸爸不能忍受妈妈的指责，时常吵架。虽然夫妻俩尽可能不当着孩子的面吵架，但是家里那紧张的氛围依然让孩子心事重重。拥有一个好的心情，孩子才能自在、愉快地学习和发展自己。

家长课学员小 V 在课堂上分享她家里的一次冲突：

有天晚上，家里气压很低很低，充斥在我耳边的是先生不断的高分贝的催促与责怪。超过了睡觉时间还不去睡觉的孩子，越催越慢。这确实影响了我，我的"大脑盖子"也掀开了。我知道他今天带了两个孩子一整天，还帮孩子熨了明天上学穿的衬衣，提醒孩子收拾好自己的书包，也确实累了。他做了很多事情，但是我在"大脑盖子"掀开的情况下，前额叶皮层关闭，无法理性去面对问题。

"收回你的坏情绪。"我说。

"要是平时习惯养得好，谁会生气呢！"先生把攻击转向了我。

"孩子都有自己的节奏，他们慢，就是你一直催促造成的，越催越慢。"我再把剑舞向对方。

"你这么有办法，那你把他们习惯建立好啊！"先生的矛又指向我。

"你不在家他们好好的！"我又指向对方。

"那行，我后面都不用回来了。"他更生气了，火焰再升一级。

"你不回来就不回来呗，你不回来我们还相处得更好！"我继续不示弱。

老公气呼呼地去了卧室，"砰"得一声很大力把门关上。这时候孩子也开始哭着嚷嚷："你们别再吵啦！"我的心情难受到极点，一种深深的无力感朝我袭来。

这样的沟通好似一个"乒乓游戏"，当小V让先生收起坏情绪时，先生感受到自己处在"纵向关系"里的下方，他自然不愿意待在下方，他就往上方走，把球打向太太，指责太太平时把孩子的习惯没有养好。先生往上方走，那太太被先生放到下方了，小V感受到被否定、被批评，也会往上方走，继续向先生打出自己的球，这个争吵就没完没了。

我们每个人都认为自己说的是对的，是基于事实，但是这只不过是心里内在小孩的游戏。我们必须先了解关系中到底发生了什么，才能看清问题在哪里。

沟通基于理解。理解基于看见彼此的"私人逻辑"。阿德勒提出：人的观念、行为、价值观的形成，都是基于事件、感知诠释、信念和决定四个方面的相互影响，而这四个方面被称为私人逻辑。

如果你眼前有半杯水，你会说："唉，只剩半杯了！"还是说："哇！还有半杯呢！"对于同一个事物不同的解读，私人逻辑称之为"诠释"（interpretation）。

对于自己、对于他人，对于整个社会，你会怎么想呢？有的人可能会认为："我是没有能力的，资源是匮乏的，社会是不公平的，我的人生是没有什么希望的。"有的人可能认为："我是有能力的，资源是丰富的，社会充满了很多机会，我的人生充满希望。"私人逻辑称之为"信念"（belief）。

当想到"唉，只剩半杯了！"的时候，你会感到"焦虑、紧张、无力、沮丧"等。当想到"哇！水还有半杯呢！"的时候，你会感到"喜悦、踏实、放松、兴奋、感恩"等。私人逻辑称之为"感知"（perception）。

接下来会发生什么呢？看着只有半杯水，觉得人生没希望的人，他可能会到处找水，可能会省着点儿喝，也有可能会去抢别人的半杯水，又或者觉得人生太辛苦，停止找水。而看到自己还有半杯水，觉得人生充满希望的人，他会做什么呢？他也有可能到处找水，也有可能省着点儿喝，也有可能去抢更多的水，或者觉得满足了，停止去找水。私人逻辑称之为"行为"（behavior）。

同样的半杯水，不同的人，有着不同的私人逻辑，和水无关，只和我们自己的信念有关。回到小V和先生的吵架，他们吵的究竟是什么？

对于"孩子超过了睡觉时间还不去睡觉"这件事情，先生的诠释是"习惯没养好"，信念可能是"这样的坏习惯会阻碍人生的成功，晚睡不长个"，他的感受是着急、焦虑、生气，他的行为是催促孩子，和老婆吵架，试图说服对方。

对于"孩子超过了睡觉时间不去睡觉"这件事情，小V的诠释是"孩子有自己的节奏，他需要体验失败来成长"，信念是"大人越催，孩子越慢""催促、责备让孩子气馁，对成长不利"，感受是烦躁，行为是和老公吵架，试图说服对方。

这对夫妻的私人逻辑是如此不同。谁对？谁错？没有对错！不过是他们对于同一件事的信念不同罢了。他们身处在自己私人逻辑的圈里，看不到对方的圈。他们吵的，就是各自的私人逻辑。

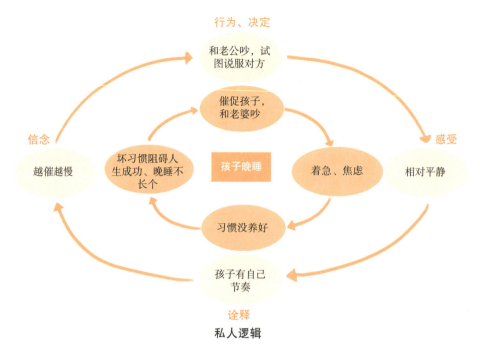

私人逻辑

我想起我刚刚和先生结婚时,到了公公婆婆家发现有些生活习惯和我的原生家庭里有相似的部分,也有很多的不同。拿"吃饭"这件事来举例子,在我小时候,妈妈做好饭之后,我们每个人自己拿自己的碗筷去盛饭,然后坐到餐桌前一起吃。而在我先生家里,是等所有的菜都上桌,我公公会把所有人的碗筷在餐桌上摆好,等所有人到齐之后再一起吃。对待"生病"也有不同。在我家里,感冒了几乎不吃药,让身体自愈。而在我先生家里,感冒之初就会去吃点类似于小柴胡之类的药。这些不同让我们在有了孩子之后有过特别多的沟通。

我们童年时的经历、童年时期的结论,常常和我们今天对生活的观念是相同的。我们小时候如何看待自己;如何看待他人和这个世界;如何看待"疾病";如何看待"男人"和"女人";如何看待"金钱"……这些构成了我们人生旅途的行李箱,成为我们长大成人后抱有的信念。

每个人的生命经验都值得被尊重。看见便是改变的开始。私人逻辑没有对错，唯有相互接纳和理解。更何况，父母的大目标是一样的，都是为了孩子好。很多夫妻之间的矛盾因为育儿而起，但出发点都是为了孩子更好。

◆ 行之有效的夫妻会议

能够看到彼此的私人逻辑，相互接纳和理解，架就没那么容易吵起来。能看见这一点，我们就可以回到"横向关系"里，而不是在"纵向关系"里采用批评、贬低、冷战等非建设性的方式。只要我们回到"横向关系"里，解决方法就很多。你可以去思考另一半的特点和资源是什么？你的是什么？你可以做的一小步的改变是什么？这并不意味着你们不打"乒乓游戏"，可能还会打，但可以改变和影响互动的方式，你可以问问自己："我在哪一步可以停下来？在横向关系里面，我应该怎么说、怎么做才能去解决问题？"这样几次下来，你会发现，对方也会被你影响。夫妻冲突是不可避免的现象，但是，发生冲突时的应对方式，可以将可能带来的伤害降到最小。

小V在我们的亲密关系工作坊中学到一个工具——"夫妻会议"，她便开始行动了。在夫妻双方心情都好的时候，她邀请老公来开一个夫妻会议。

"老公，有空吗？"

"有！"

"来开个夫妻会议吧？"

"还有这种？"（他只开过家庭会议）

"夫妻会议第一个环节也是致谢……"

"不用吧,你说的我都知道,我说的你也知道……"

"说说看,看说出来以后感觉怎样?"

互相表达了感谢之后,先生的脸笑得跟花儿一样。然后他们开始讨论议题,对于孩子的睡觉时间如何达成共识。

一切的改变,只能从自己开始。

大年三十,我和母亲一起准备年夜饭,71岁的她依然是主厨,我打下手。一边忙着,一边聊天,和我结婚前的很多年一样。母亲和我讲起一个故事:夏天做了骨科手术之后,她很长时间吃饭不下,只能靠到医院输营养液。有一天,她从医院回来,我父亲见到她没有一句问候,而是告知她自己要去哪里后就走了。母亲说,我要是不原谅他,我就是一肚子气,伤害自己。我要想原谅他,我就能理解他根本是没有想到这一层。一切在乎你怎么安排,怎么想。的确如此,我们的情绪和行为,都来自我们的私人逻辑,和他人无关。没有任何人任何事让你不开心,是你的念头和想法让你不开心。我不能左右他人是什么样的人,但是我可以决定我自己怎么看,我可以决定我自己想要怎样的关系。

阿德勒认为,我们具有开创命运的能力,并非环境或过去种种事件的牺牲者。这是他的"创造性自我"的理论。每个孩子都会使用他的"创造性的力量"来铸就自己的独特个性。而铸就自我的原材料,包含父母与兄弟姐妹、父母的养育风格、家庭价值观、家庭氛围等,这些像一张张拼图,拼起来造就了现在的我们。

如果父母彼此相亲相爱、互相尊重,对教养儿女的原则和执行方式也有共识,孩子会比较有安全感,通常也会比较快乐。父母之间有说不完的话,孩子才能安全地嬉戏,这样的家庭氛围是可以被营造的。

你们可以在"夫妻会议"上对孩子的养育方式进行讨论，达成一致后再和孩子沟通，可以让家庭的氛围更和谐。

（1）一定先表达感激，找出对方进步的地方，这可以营造一个积极的氛围。无论是你们教育孩子的方式，还是孩子的行为，如果你想找出正面的地方，就绝对找得到。

（2）提出想要解决的问题，并确定你们双方都知道的问题所在，一次只讨论一个问题。多听，不评判。

（3）从孩子的角度想一想，他们会出现这些行为，是想满足哪些需求？孩子是怎么看待你们的要求和沟通的？这部分要多花几分钟讨论。

（4）讨论各自提出来的改善之道，划掉任何不符合3R1H的建议。3R1H指的是Related（有关的）、Respectful（尊重的）、Reasonable（合理的）、Helpful（有帮助的）。

（5）夫妻娱乐。可以是一顿大餐，一场电影，或是其他你们两个人在一起感到愉悦的方式，总之一周至少一次二人世界。

每周的夫妻会议可以保持紧密的联结，给亲密关系带来改变。

◆ 了解对方感受爱的方式

还是小V的故事。她讲到和先生的分歧还在于他们彼此感受爱的方式不同。有一次，她叫先生帮她吹头发，但是先生却觉得她这人很矫情，这么大人还让别人吹头发，于是没有给她吹，她很失落。想到谈恋爱的时候就是因为他给自己吹头发，让她感受到浓浓的爱意，她才嫁给这个温柔的男人。可是，婚后没几年，人怎么就变了呢？而且，先生过生日时她在厨房里忙活半天，做了一桌子美味，可是先生显得却没有那么激动。

美国著名的婚姻家庭专家、心理学家博士盖瑞·查普曼将人们表达和感受爱的方式分为五种：肯定的言词、精心的时刻、接受礼物、服务的行动、身体的接触。每个人总是习惯按照自己的标准和方法来表达爱，却没有意识到每个人表达爱的方式和层面是多种多样的。

回到小V的童年，她是外婆带大的，外婆特别宠她。小V因为冬天的时候太冷不想起床，外婆就把早餐送到她床边，铺张报纸放到床上等她吃完再收拾。外婆还会给她做很多好吃的，这些都是她感受到的外婆爱她的方式。而她对外婆表达爱的方式是陪她聊天，和她待在一起。而对于小V的先生，父母在他的成长过程中向他表达爱的方式是带他去买礼物，先生感受爱的方式是接受礼物。

这就是为什么小V为先生做了那么多，而先生却因为没有感受到爱而抱怨，小V也因为没有感受到先生的爱而失落。他们感受爱和表达爱的方式是如此不同。

家庭是我们了解爱的第一个场所。我们的父母或主要养育人以让我们体验到爱的方式对待我们，并且我们也发现了向我们的父母或主要养育人表示爱意的方式。这些孩童时期的经历塑造了我们现在感受爱和表达爱的方式。因为早期经历的不同，使得我们每个人感受到爱的方式因人而异，每个人表达爱的方式，同样因人而异。

如有兴趣更多地探索自己的"爱之语"，可以参考《懂我就是爱我》[1]。这本书里有一个"感受爱"的活动，是可以和伴侣一起做的问卷，看看你表达爱的方式是否和你的伴侣感受爱的方式相吻合，这将帮助你们去理解彼此爱的语言。

---

[1] ［美］琳·洛特、玛丽琳·M.肯特、德鲁·韦斯特著，张婷婷译。

和谐伴侣关系的关键,在于愿意学习并说出配偶的爱之语。你的爱之语是什么?你配偶的爱之语是什么?每天你可以怎样做,才能用配偶的爱之语进行表达?除此以外,一段良好的关系还需要时间和技巧。想想你花了多少时间在工作上?花了多少时间刷微信和看电视?而你愿意在你们的关系上投入多少时间?这个道理不仅适用于夫妻关系,也适用于所有关系,包括亲子关系。

如果在养育孩子的过程中,你觉得跟另一半无法沟通,对方不配合,不支持,这就非常值得我们去思考,你和伴侣的关系是处于一种什么状态。如果你的注意力都在孩子身上,而没有花时间和另一半相处,这是一个危险的信号。夫妻关系要优于亲子关系,一定要花一些时间跟伴侣相处和沟通。而且把心思全部花在孩子身上也不一定能把孩子教好,因为你给孩子的是一个密不透风的环境,孩子也需要有一些空间自己去安排,需要有时间独处。所以你不妨把那部分时间抽离出来,用来去跟你的另一半相处。

婚姻的本质,其实就是两个人牵手打怪,打物质上的怪,生活上的怪,一级级直到通关。而有一个隐形的怪,就是我们的内在,我们的私人逻辑,我们在原生家庭里形成的信念,对于爱、婚姻、金钱、疾病、工作等的理解,这是我们人生旅途的行李箱。所以,多包容、理解对方与自己的不同,也专注自身发展,去增大你的能量场。

当你给到包容与理解,在这个充满评判的世界里,你们的关系就成为风浪中宁静的庇护场。家和万事兴,你便可以奋勇前进,集中心力为自己谋发展,不纠结鸡毛蒜皮,不在细枝末节上耗损能量,而是集中力量做自己喜欢的工作、健身、读书、学习……做一切让你高兴、让你变得更好的事。你的越来越好的能量场,则有可能带动伴侣同你一起奔向花香满径的世界,那么带给孩子的,也是一个可期的未来。

◆ 不同的家庭结构

当然,现代社会并不只有传统的家庭结构,还有其他形式。有的父母分居,共同抚养孩子,有的是单亲妈妈或单亲爸爸在抚养孩子,还有重组家庭,以及父母双方是同性恋等。我们所处的世界,是一个多元的世界。

当一个家庭面临分开的抉择时,是很不容易的。父母亲本人在承受压力之外,往往也对孩子内心有愧。但是,离婚是出于当事人及其配偶的个人意愿而做的决定,并不是一个错误,所以没有人需要因此感到自卑,也不要认为没有双亲就是孩子的遗憾,这是没有根据的说法。只要单亲家长的态度是积极的、乐观的,孩子也会表现出对生活积极、乐观的态度。

父母可以坦率地告诉孩子:"妈妈觉得和爸爸一起生活怎么都合不来,就分开了。即便妈妈和爸爸分开了,我们还是一样爱你。"用孩子听得懂的语言,告诉孩子事实真相。要相信,对孩子产生影响的,并不是家庭结构,而是孩子生活中的人,他们构成了孩子的世界。只要父母十分疼爱孩子,彼此尊重,孩子也能健康幸福地成长。在一些电视剧及电影当中,经常看到青春期的孩子情绪激昂地反抗再婚父母的桥段。然而在我身边的朋友以及接触的个案中,孩子和继父/继母相处融洽的家庭比比皆是,还有两位同性别家长培养的孩子也同样阳光、自信。

值得注意的是,我们一定要仅限于陈述"事实"。和前夫/前妻建立顺畅、合作的关系并不容易。我们所能做的,是尽量不在孩子面前谈论对方的不是,不去诋毁对方,孩子对此会十分敏感,所以尽量以尊重的方式提到对方。

一个良好的家庭氛围是培植社会情怀的土壤，不仅能带给孩子安全感、归属感，也能让孩子心无旁骛地发展自己，自信地做自己，建立起内在的价值感。多去理解家人的感受，每个人都会因为获得对方的倾听、理解、共情而受惠。当你把这件事变成家中的首要任务，就会让你的家成为孩子最温馨的港湾。

4.7 不可或缺的家庭会议

如果说你只能掌握一个育儿的工具，那我一定推荐家庭会议。家庭会议满足孩子对于情感的需求（每周固定时间和父母在一起、家庭娱乐更能增进联结）、能力的需求（参与其中，可以认领主持人、记录员、数票员等任务）、重要感的需求（所有的提议都被认真记录和对待、自己有做决策的机会）以及对于鼓励的需求（会议开始时的感恩致谢为孩子赋能），整个家庭会议的过程中体现的尊重、民主和平等对孩子就是很大的鼓励。

我们家的第一次家庭会议大概是在大儿子四岁的时候，我们只是尝试了家庭会议的第一步——互相致谢。那时候爷爷奶奶和我们在一起生活，也参与了进来。我至今记得我们向老人家表达感谢的时候老人家眼睛里亮闪闪的泪花，在中国传统家庭里，很少有这么正儿八经地表达感谢的机会。正是这一份看见，让彼此的心更贴近了，也是这份感动，让我觉得家庭会议必不可少，要坚持开下去。

转眼间现在大儿子已经十二岁了，这七年里我们并没有保持每周一次家庭会议的节奏，有时候会因为先生出差或寒暑假而中断，但是算下来也有近两百次。过程中也遇到不少挑战，有时到了开家庭会议的时间，孩子在玩自己的，不肯过来；有时遇到某个家庭成员在负面情绪中，家庭会议无法继续；有时会因为临时处理事情耽误了家庭会议的时间……我们做的就是在家庭会议上解决召开家庭会议这件事上遇到的挑战。

每个人都有机会贡献家庭会议的议题。比如我曾经提出讨论的议题有——"家庭会议固定下来，安排在什么时间？""家庭会议中有人有情绪，怎么办？"也不乏一些日常的生活议题，比如讨论"晚餐吃什么？""五一去哪里玩？"以及家庭教育遇到的挑战，关于电子设备使用时间、玩具收拾等。

家庭会议并不一定要解决问题，有时只是致谢，增进彼此的联结；有时只是吐槽，表达感受，增进彼此的理解。有时能对某个问题达成一致。父母通过家庭会议鼓励和肯定孩子的贡献，听孩子的意见，询问孩子的意见，可以让孩子感受到他的重要性。无论什么问题，父母都把他的意见很慎重地听进去，这可以增强他的价值感。家庭会议不仅可以让孩子的这四个心理需求得到满足，还能帮助孩子从中学习社会秩序并能培养我们希望孩子所具备的品格和生活技能：

（1）倾听的技能；

（2）头脑风暴的技能；

（3）解决问题的技能；

（4）互相合作；

（5）社会责任感；

（6）关心他人；

……

在我看来，家庭中最值得做的事，就是定期召开家庭会议。

◆ 家庭会议怎么开?

家庭会议是每周专门留出一段时间,家人一起坐下来,谈一谈他们想到的事情。大多数家庭会议有一个议程,通常包括致谢、议题、解决问题、下周安排以及家庭娱乐(一起参与一项好玩的活动)。

前期准备:

- 时间:每周预留15～30分钟时间,并固定下来。
- 地点:找一个舒适的地方,确保大家都可以看见彼此。时间可以是晚饭后,或者其他所有家庭成员都达成一致的时间(不建议在用餐时间)。
- 道具:准备一个发言棒,可以用笔代替。准备一支笔、家庭会议记录本以及议题纸、若干水果和零食。
- 成员:如果有家庭成员选择不参加,把除他们之外的其他人都召集起来,并让他知道随时欢迎他的加入。
- 认领工作:主持人、记录员,还可以有传票员。依据家庭成员的年龄和技能水平,你们可以轮流主持会议并记下达成的约定。
- 心态:专注于寻找解决方案,而不是相互指责。
- 温馨提醒:关掉电视、手机静音,确保没有其他干扰。

❏ 家庭会议的第一步:致谢与表达感激

每次家庭会议都以致谢和表达感激作为开始,这样每个人都有机会发言并听到积极的话语。也许一开始家人会觉得这没有必要,但其实非常有必要！致谢与表达感激不仅仅让彼此更有联结，能让孩子学会感恩和致谢，还因为成人向孩子表达欣赏和感谢这样的正向反馈使得孩子知道他的行为是有影响力的。一方面孩子会感到自己是"有能力"的，另一方面，透过成人的眼光看见自己在团体中的价值与位置，更能促进孩子发展社会情怀。

主持人先开始表达对每一位家长成员的感激，说完邀请其他成员。第一次开家庭会议，可以感谢其他家庭成员愿意坐下来开会。

我们在日本京都旅行时，在酒店里也照常开家庭会议。因为旅行在外，没有具体的议题，就分享"你今天学到了什么"。即便这样简单的议题，同样还是以致谢开始。

谢谢伟博用纸巾叠了一个"发言棒"，作为我们家庭会议的工具。

谢谢爸爸带兄弟俩出去吃饭，让妈妈休息。

谢谢爸爸给我们订的房子，住起来好舒服。

谢谢伟博，今天爸爸给牛牛家送东西的时候，我们三个人回到住处，我不知道怎么开灯，伟博告诉我把闸道调整到"ON"的位置。

谢谢伟博为大家洗草莓。

谢谢小树吃饭时能自己照顾自己。

谢谢小树在地铁上保持安静。

然后爸爸和伟博也对每一个人致谢。当时小树不满四岁，他在一旁自己玩耍。因为有了这样的致谢，我们的旅途更加愉快，我们彼此间的关系也增进了不少，而且孩子也更乐于合作和贡献。

❑ 家庭会议的第二步：根据会议议题进行讨论、头脑风暴

在致谢环节之后，主持人提出议程上的问题，并帮助家庭成员轮流练习尊重彼此的沟通方式。这个议程上的问题，每个家庭成员都可以提

出来。可以准备一张纸，作为议题贴在冰箱门或者其他显眼的地方。每个人都能看到并且可以随时记录下自己想要提交讨论的议题。制定议程对要讨论的一系列重要问题作提醒，以防止到你召开会议那一天遗忘。

头脑风暴最简单的做法是绕着桌子转两圈，给每个人两次机会在不被打断的情况下陈述自己对问题的观点或感受。如果这个人没有任何话说，说"我过"也可以，这是练习解决问题技能的一个好时机，包括征求家人的观点，分享并倾听感受以及提供选择。

如果你的家庭是刚开始尝试开家庭会议，建议前几次从轻松的话题开始，比如说"五一放假去哪里玩？""周末的家庭聚餐到哪里吃？""早餐吃什么"等，在家庭成员练习过倾听和相互帮助之后，你就能更轻松地把控家庭会议的各种细节问题。记住！很重要的一点是，议题不能带有指向或评判的色彩。不能说，我们今天讨论的议题是"××不按时完成作业""××经常乱扔东西"。看到这样的议题，这个孩子在没有进入家庭会议之前已经感到情绪不安全了。我们可以讨论"如何更有效率地完成作业？""如何保持房间的整洁？"

接下来，分享感受或是根据议题讨论，每个人都是很重要的参与者、决策者。这个方式能够发展家中每个人相互尊重、相互负责、和平相处的责任意识。头脑风暴就是我们想出应对挑战所有可能的方案。享受乐趣，提出疯狂的建议也没有关系。在做头脑风暴时，所有的想法都可以被接受。我们会记录每一个想法，不用讨论。当我们完成头脑风暴后，我们将选择一个大家都同意的、实用的、对每个人尊重的方案。

一开始可以和孩子们讲解头脑风暴的概念，就是想到什么就记录什么，有文必录，不对他人提供的建议做点评，不批评，也不赞美。如果这个过程中，一个孩子提议"我想去玩过山车"，爸爸接过话说："现在冬天，玩过山车有点冷吧。"那这时候，作为主持人要记得及时打断："没关系，爸爸，我们把每一个答案都先记录下来，然后投票决定。"这样做的目的是表示每个人都应该得到倾听并被认真对待。孩子需要感受的重要性也在这里体现。

家庭会议的第三步：评估和选择方案

运用 3R1H 来评估提出的方案：鼓励性的方案必须是 Related（相关的）、Reasonable（合理的）、Respectful（尊重的）、Helpful（有帮助的）。这在《正面管教》第六章有介绍，和孩子讨论专注于问题的解决方案，可以用来在家庭会议上解决很多问题。"谁能发现是否有不相关、不合理、不尊重和没有帮助的方案需要被删除？我们的记录员可以在我们讨论了原因以后把它们划掉。"

有一次家庭会议，我们讨论的议题是：如何收好玩具，保持家里整洁？

弟弟提的一个方案是奶奶负责收玩具。如果奶奶不愿意，那这个方案是不合理的。我们就在评估和选择方案时把这条划掉。

如果有家人提出"不收拾好玩具就不许吃晚饭"，那这条不符合"相关性"，收玩具和吃晚饭没有直接关联，我们也要把这条划掉。

选择方案："我们是否要筛选出一个我们都同意的方案，还是多尝试几个？我们可以在一周后的下一次会议上，评估选出的那个或者那几个方案是否奏效。"不要寻求一个完美的解决方案，建议家庭成员从头脑风暴得出的建议中选择一个办法试行一小段时间，比如一星期。约定一个时间再碰在一起评估方案，并讨论每个人在试行这个方案时学到了什么。

当每个人都专注于解决问题而不是谁该为此问题受到责备时，家庭会议就能发挥最好的作用。孩子的"能力感"来自哪里？——来自他能成为家庭的决策者。而让孩子参与决策，有助于孩子感知到"我能行""我很重要"。

❑ 家庭会议的第四步：讨论下周安排

家庭会议的第四步，是讨论家庭下周的安排。比如，哪里的课外班有调整，哪里安排了一场友谊赛，爸爸或妈妈要去哪里出差，由谁来接送孩子等。孩子最渴望有规律的生活。规律对孩子来说就像房子的墙，赋予生活的界限和范围。提前告知的安排会让孩子很有安全感，也能让孩子从中学会自我管理。

伟博17个月大的时候我带他去云南旅行，我们从昆明下了火车，要换乘大巴到大理，而火车站出站口距离大巴的上车点大概有800米吧，我一手抱着伟博，一手拖着箱子，走过去比较困难。附近有搬运行李的工人，我就给了其中一位大叔十元钱，让他帮忙把箱子拿到汽车站。当伟博突然间发现一个陌生的男人拿着我们的箱子大踏步朝前走的时候，他哇哇大哭了起来，要去追这个人，追我们的箱子，我才意识到，我没有提前告诉孩子这件事情，他可能以为我们的箱子被人抢走了。后来，我就有意识地提前告知孩子，让他对变化有一个预期，也会更有安全感。

当我们面对一个变化的时候，假如这个变化是被预先告知的，我们接受和适应的过程以及我们的感受都是不同的。举个例子，如果你到一个餐厅点餐，菜品过了30分钟才上来，你会有什么感觉？而如果在点菜的时候服务员事先告诉你："您好，您点的这道菜做起来比较复杂，可能需要30分钟才能给您上。"这个时候，这道菜30分钟上来，是不是更能够接受？是否提前告知对方，所带来的影响会大不一样，从而导致两个人互动的结果也不同。

孩子渴望稳定的生活节奏和韵律，这能够给孩子带来强大的安全感，而安全感越强的孩子，他们对变化的敏感度和适应性也会更强，这是一个良性的循环。同时，提前告知孩子家庭接下来的安排，也会让他感到自己被重视，他会觉得自己是这个家庭中一位很重要的成员。

❏ 家庭会议的第五步：家庭娱乐

家庭会议以致谢开始，营造了一种积极的氛围，也要以愉快的体验结束。家庭娱乐可以是游戏、美食或者任何你和孩子都感到愉悦的方式。

我采访了部分学员，家庭会议给他们的家庭带来哪些改变？

学员萍萍：

"关系中的矛盾，往往来自'我以为'。那些'我以为'的技能是从哪里习得的呢？很大一部分来自家里，父母的沟通方式。我之前很自以为是，以自己的主观想法去判断家里人的做法，带来很多矛盾。自从开家庭会议之后，表达感激、换位感受、头脑风暴解决问题，现在基本上很少有矛盾了。孩子也习得了去选择对每个人的需求都尊重的解决方案。"

学员小宇：

"孩子越来越自信了。通过家庭会议，他有机会成为家庭的决策者，孩子的'能力感'因此得到提升。"

学员Fiona：

"没想到家庭会议帮助我们改善了夫妻关系。夫妻之间，如果时常以感恩的心来看待对方为自己所做的事，而不是认为一切理所当然，那必然感受不同，行为也会不同。家庭会议的致谢环节太棒了，让每个人都能被

'看见'。"

学员真真：

"家庭会议让我学会了换位思考，我和孩子的关系越来越好了，即便她已经到了青春期，我们依然无话不谈。"

学员 Apple：

"自从开家庭会议以来，我们家很少像之前那样互不相让，家庭会议让我们家避免了'权力之争'。"

学员阿杰：

"家庭会议让误会减少，因为我们有机会聆听孩子的声音。家庭会议也让我们的家庭氛围越来越好，家里笑声不断。"

练习：家庭会议

（1）按照家庭会议的步骤进步练习。

（2）前面四次家庭会议从简单、轻松的议题开始，如去哪里度假。

（3）时刻谨记家庭会议的长远目标，是教给孩子有价值的人生技能。

（4）专注于寻找解决方案，避免把家庭会议变成父母说教和控制的讲台。

（5）如果无法就某个议题达成一致，就把这个议题放到下周继续讨论。不要期待完美，而要为每一次进步喝彩。

（6）固定每周家庭会议的时间。和任何一项新技能的练习一样，刚开始练习家庭会议一定也会遇到挑战。遇到挑战时不要气馁，把这一章节重新看一遍，看看是哪里出了问题。若还有困惑，也欢迎和我交流。将你的问题发邮件（邮箱见前言部分）给我，我也乐意和你一起交流、探讨。

4.8 放下"我",成为"我们"

有一天早上我给孩子的水杯里装水的时候,先生喊道:"你还装热水,这水杯不能装热水的!"我听到后,向他解释道:"我装的都是凉水,水太凉了就倒了一点热水瓶里的水,中和一下,刚好被你看到了。"随即我觉察到自己有一些念头产生:"你真是多管闲事,难道我连这个都不知道吗?"当这些念头出现时,我是厌烦的、鄙夷的、想要辩解的。

坐在书桌前,我开始思考,为什么我会对他人不请自来的建议感到抵触?这个情绪的背后正是"我执"。"我执"就像坚硬的墙壁,有了这道墙,不同意见过来,就会产生反弹。因为放不下"我",便很容易自以为是,感觉自己做的都对,不喜欢接受他人的劝告和批评。如果内心没有"我执",不论什么过来,就像打在虚空,是没有任何反应的,更不会构成对立、冲突。有道理的就接受,没道理的就放弃。

内心的"我执"太强,夫妻之间很容易发生冲突,而孩子是受害者。有些孩子会过度诠释,认为都是自己的过错,"是我不好"另外,孩子也会模仿大人的互动方式。

后来又有一天,我练车的时候,先生坐在副驾驶位上"指导"我,有几次说我差点和人碰到,他大吼大叫。如果我考虑的是"我",就会觉得他是在"批评"我,我便看不到他大吼大叫的背后,其实是紧张和担心,我势必会跟他吵,然后一场战争就会开始。当我放下了"我",便看到了"他"。我的做法是,握了握他的手,对他说:"老公,在开车这件事情上,你是老师,我是学生,正因为我不会,我才会这么开啊。要

第四章 "我是重要的!"
父母如何帮助孩子找到意义感,建立影响力

是我都开得很好,就不用你教了!"很快,他的"气焰"就下去了,轻声细语跟我说怎么开。

查理·芒格说:"当你手上有一把锤子,你看什么都像钉子。"每个人都带着自己的眼光在看待这个世界,不把"我"放下,很难看到他人,这对关系是很大的伤害。很多人的痛苦来自 Mind(头脑的思绪):

"天哪!他怎么可以这样想?"

"你应该……"

"你不应该……"

当我们出现这些想法和评判,便是在自己的世界里,以自我为中心,没有跳出来真正对他人感兴趣。他人可不可以有那样的想法?当然可以!每个人的想法都是对的,而不是有人的想法是错的!很多人,接受不了别人和自己的想法不一样。他们会说,我总是对的!当你这样认为的时候,要去觉察自己是否将童年那一套心智模式带到了成年人的关系里,因为只有小孩才会评判对与错。当我们能接纳每个人的不同,便是放下了"我",也接纳了自己。

放下"我",成为"我们",基于你对对方的信任,也基于你能看到事物的一体多面,不执着于自己看到的那一小部分。

在弟弟一岁半之前,先生率先到了上海工作。我和公公婆婆,还有两个孩子生活在西安。当我完成工作回到家里,当时三岁的大儿子就扑向我,要我陪他玩。弟弟要吃奶了,不停地哭,哥哥也不让,拼命地把我拉到一边。爷爷奶奶开始想办法转移他的注意力,无果,有时候还会引发大宝发脾气。吃饭的时候,大儿子也会凑到我跟前,不好好吃饭。婆婆常说的一句话是:"你不在家的时候,我们带他很好带。"这句话像一根刺,扎得我心里在滴血,却无力反抗。我解读为"这是在否定我"。这些情绪,压在我心里,很痛苦。

后来我们一家人搬到上海，公公婆婆回了老家，偶尔会到上海来看看孙子们，帮帮我们。每次他们来帮忙，我就会腾出更多时间在工作上。有一次我上完课回到家，准备带弟弟出门玩。我给他穿鞋子，他不要穿，换另外一双鞋，也不要，还自己把鞋子扔到了垃圾桶。穿衣服，他也不要穿，把衣服扔到了地上，这时，我又听到了同样的话："你不在家的时候，他很听话，我们很好带。"

不同的是，我觉察到自己的感觉不一样了。曾经让我扎心的一句话，这次听起来，没有那么刺耳，而是平静。"婆婆陈述的就是一个事实啊。"这是我这一次的解读。当我的内在价值感增强的时候，我听到这句话，不觉得这是在否定我。而与此同时，我也特别能理解孩子，他在寻求妈妈的关注和爱。他用他的挑战行为在告诉妈妈：我需要爱，我需要确认你的爱，我需要你花更多时间来陪伴我。婆婆没有变，婆婆说的话也没有变，是我对自己的认知改变了。

让我们心理上受苦的，不是事情本身，而是我们对事情的想法，和围绕着这个事件所编造的"故事"。我婆婆看到我的时候脸色不太好（这是事件），如果我认为她讨厌我（这是我的念头和想法），我就会觉得很难过（感受）。但是如果我认为她当时是心情不好（我的念头和想法），我会很中立地（感受）注意自己和她的互动。如果我认为她是因为身体不舒服（我的念头和想法），我会很心疼地对她格外好一点（感受和结果）。所以不同的念头和想法，造成不同的感受和结果，也影响着我和婆婆之间的关系。

不是你所处的情景和环境，而是你的想法和念头，在干扰着你。正面管教创始人简·尼尔森博士曾和我们分享过这样一个故事：

很多年前，我有一张橡木桌子，我想把它放到我的车库里去。我当时就和我的家人们说，你们不要在这个桌子上堆放东西。后来我重新想要用到这个桌子时，发现上面堆满了东西，桌子表面也被刮坏了。

我当时很愤怒。但是很庆幸的是，我另外找了一个地方让自己情绪平复而没有把这个愤怒发泄到家人身上。我开着车，脑子里面不断地想："他们怎么这么不尊重我？我跟他们说了不要放东西在上面，他们还是放了。"

我突然想到了，这些是念头，原来是我的这些念头快把我逼疯了。有了这个觉察之后我决定放下，当我把这些念头放下时，我才开始能够用心去体察——原来今天的天气这么好，我刚才愤怒的时候竟然没有注意到这一点。

我当时得到了一个明悟：我为什么不在桌子上盖一个桌布呢？这样它就不会被划伤了。对于我自己的错误，我知道了自己要承担责任，也就不会迁怒家人了。

阿德勒说："想法本身并无意义，除非你赋予它们一些意义。"你可以不断地冒出一些评判的愤怒的念头，这些念头实际上会把你折磨垮。而当放下这些念头和想法，你感受到感恩、愉悦和平静时，你是与自己的内心同在的。我们的感受就是我们的指南针。当我们从心出发，会发现很多的感恩、很多的幸福和愉悦。而只要感觉到痛苦、难受，就可能是受到了念头的干扰。我们需要做的功课，是审视我们的念头和想法，问一句，这是真的吗？

在和孩子一起成长的时光里，我们必然会遇到各种各样的挑战和冲突，这时候，把"我"的私人逻辑放下，和孩子一起面对问题，也能让孩子感受到支持，感受到自己的重要性。

讲座结束后，有一位妈妈向我提问，困扰她的问题是孩子一到晚上就说心情不好,带着 iPad 把自己关在房间里面,也不知道在做什么,好几天都这样。我问她遇到这种情况是怎么跟孩子沟通的,她说:"我一直在问他在里面做什么,告诉他不能长时间玩 iPad,对眼睛不好。他可能怕被我说,索性就躲着了……"讲着讲着,这位妈妈自己意识到了,她只是沉浸于用自己的想法去教育孩子,并没有去了解孩子的心理感受和需求。在纠正孩子的行为之前,父母先要赢得孩子的心。

当孩子犯了错,父母下意识第一时间是去责备/教育孩子:"你怎么又磨蹭到这么晚才写作业啊?""你怎么还打人!说过多少遍了都不听!"如果眼里看到的都是"孩子有问题",家长就没有和孩子站在一起,去面对问题,而是站在了孩子的对立面。如果父母和孩子站在一起面对问题,你的态度可能是这样的:"宝贝,我们来看看,怎么做可以提高学习效率?""孩子,我们现在面临这样一个问题,我们要怎么解决比较好?"这个时候,你是和孩子站在一起的,你们之间是有联结的,也能找到最合适的建设性的解决方案。

我很喜欢苏轼的《题西林壁》:

> 横看成岭侧成峰,
> 远近高低各不同。
> 不识庐山真面目,
> 只缘身在此山中。

释义:从正面看庐山连绵起伏,侧边看庐山山岭耸立。从远处、近处、高处、低处来看庐山,庐山的景观也各不相同。我看不清庐山的真面目,那是因为我就处在庐山之中。

这是一首即景说理诗，诗人从不同的角度、不同的方位来观赏庐山的千姿万态的风景，得出一个结论：我之所以不能看清庐山的真实面目，是因为身处庐山之中，被视野所局限。这首简短的小诗，希望能给你们启迪和思考：人们因为所处的地位不同，看问题的角度不同，对事物的认识也不同，得出的结论必然也是片面性；只有认识到事物的全貌，超越传统的固定思维，跳出框架，才能看到事情的真相。

愿我们在陪伴孩子成长的过程中，把"我"放下，变成"我们"，一起面对问题，解决问题。帮助孩子建立"我被爱""我能行""我有贡献""我能应对"的人生底气，拥有幸福充实的人生。

第五章

"我是有勇气的!"

——父母如何帮助孩子培养
勇气,不惧人生的挑战

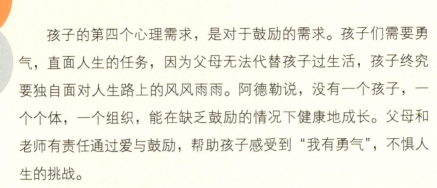

孩子的第四个心理需求，是对于鼓励的需求。孩子们需要勇气，直面人生的任务，因为父母无法代替孩子过生活，孩子终究要独自面对人生路上的风风雨雨。阿德勒说，没有一个孩子，一个个体，一个组织，能在缺乏鼓励的情况下健康地成长。父母和老师有责任通过爱与鼓励，帮助孩子感受到"我有勇气"，不惧人生的挑战。

鲁道夫·德雷克斯有一句名言：孩子需要鼓励，就像植物需要水。鼓励是人类的基本需求，是促进孩子发展社会情怀和勇气的最好方法。经常被鼓励的孩子，不会用成就来衡量自己，而是把注意力放在努力的过程上，因此他们不会害怕失败。他们明知有困难，也会勇于尝试，为之付出努力。

我们要放下对孩子的不合理的期待，多去寻找孩子的闪光点，以正向的视角来看待孩子。比如说，孩子做了二十道题，只有三道对了，我们要把注意力放在这三道是怎么做对了的上面；一个"优柔寡断"的孩子，我们要看到他也是一个"考虑事情细致周全"的孩子；一个"没有耐心"的孩子，他其实是"做事果断"；一个孩子学习成绩不太好，但他可能很有运动天赋……看见孩子的亮点，通过鼓励让他们滋生勇气。有勇气的孩子会觉得人生有希望，他们愿意承担风险，并相信自己能够处理具有挑战性的情况。他们富有复原力和韧性。当勇气缺失时，孩子可能会觉得自己比别人差，感受到自卑，被打败，无望，他们不愿冒险，往往不经过尝试就放弃，竭尽所能地避免失败。

5.1 父母要避免让孩子气馁

鼓励让孩子滋生勇气，而气馁使孩子丧失勇气。气馁是个人心理的一种状态，是一个逐渐形成的过程。当父母的态度和行为时常让孩子感到气馁，这个孩子他会对自己的能力失去信心，觉得自己没有价值，这对孩子的尊严是非常大的损伤。一个气馁的孩子，他对自己的认识是"我不行"，因此，也就不愿意面对生命任务的各种挑战。气馁的孩子，还可能表现出叛逆、捣蛋、说脏话等不良行为，以从中获得重要感与归属感。阿德勒说："气馁丧志是孩子一切不良行为的根源。"作为父母，我们要避免一些让孩子气馁的行为或态度。

❑ 不合理的高标准

我小时候语文成绩很好，有一次期中考试我考了全班第一名，98分，我特别高兴，回到家我就迫不及待地告诉爸爸这个好消息。我以为爸爸会为我感到骄傲呢，没想到他面无表情地说："怎么只有98分？那两分扣在哪里了？"我的心情就像从天堂掉到地狱，特别沮丧。我即使成绩一直在班级名列前茅，却还是觉得自己不够好。于是我拼命学习，很难放松，凡事都要求做得尽善尽美，甚至有些强迫症倾向。

相反，我的一位朋友，举手投足间流露出一种松弛感，和她相处起来会特别放松。她讲起来她小时候总是丢东西，不是铅笔盒丢了，就是水杯找不到了。但是她爸爸对她说的是："就算你丢三落四，也不妨碍你成为一个优秀的人。"

有些父母不断给孩子订下一些高标准高要求,希望孩子持续追求卓越。如果你期待孩子一起床就收拾好房间,整洁明亮,一丝不乱;期待孩子一回家就做作业,作业做好再去玩,非常自律;期待孩子在上网课的过程中从不开小差偷偷看视频;期待孩子喜欢我们认为好的运动并坚持去练习……你要留心,这样的态度可能无形中传递给孩子这样一个信念:你还不够好,你可以做得更好!久而久之,孩子便会产生"我永远做都不够好""我不可能让人满意"的挫败感,于是放弃努力,不再尝试。

从小在父母过多期待严格要求下长大的孩子,总是对自己很不满意,总是很难放松,即便身边的人已经觉得他/她够优秀了,可他/她对自己却无法满意,觉得自己做得不够好,对生活有深深的无力感,因为曾经自己无论怎么努力也无法达到父母的期待。有些人可能会为了证明自己值得被爱不顾身体健康拼命地努力,有些人可能就放弃了,因为无论怎么努力也达不到父母的要求。

❑ 期望标准过低

和不合理的高标准相对应的,是过低的期望。对孩子的不信任,也会让孩子感到气馁。我初中时有一次作文写得特别好,老师当着全班同学的面问我,这次作文是不是抄的?也许他当时在开玩笑,但是我不能理解。我也不会觉得他是在说我的作文写得好,总之老师的不信任和过低的期待标准让我觉得自己很糟糕。我大哭了一场,之后有很长时间不愿意听这位老师的课,成绩退步不少。

成人对孩子的期待会影响他对自己的看法。当父母或老师认为这个孩子做不到,孩子也可能真的觉得自己做不到,最后的表现自然是达不到预期了。我们不要有太高的标准,但也要将信任传递给孩子。当成人相信孩子能做到，孩子会认为他自己可以完成，就会全力以赴。

❏ 拿孩子和他人比较

孩子放学回家，兴奋地对你说："妈妈，我这次考试得了一个 A。"你问他："你们班得 A 的有多少？"我们通常没有觉察到自己不经意间助长了孩子之间的竞争。在这个纵向关系根深蒂固的社会里，当我们称赞某个成功的人的时候，往往拿另外一个人来贬损，世界杯足球明星的粉丝们常常这么干。表达比较的方式也许是非语言的，但是一个眼神或者一个姿态一样能激起竞争。

在多子女的家庭里，最常见的是手足之间的竞争。在充满竞争的家庭环境里，我们是通过将自己和自己的兄弟姐妹进行比较，来决定自己是谁。我们前面提到，孩子的观察能力很强，但解释能力很弱，所以很容易形成一些非黑即白的看法。如果把家庭比作一块馅饼，只能分成那么几块。如果一个孩子认为馅饼中的一块被拿走了，他就不得不拿走另外一块。

例如：九岁的伟博学习成绩很好，各科都是 A，在写作业方面也非常自律，放学一回家就写作业，小朋友来找他玩，他还让人家在一旁等着，等他先写完作业。而他六岁的弟弟小树就有些让人头疼，不仅在学校里排队时和同学讲话，上课时在课本上画满画，在家里写作业也是三心二意。为此爸爸很是头疼，有时候会说："你看哥哥，哥哥作业都做好了，你还在这里慢腾腾玩。"爸爸的本意是借由比较的方式激励弟弟上进，期待孩子向表现好的那一方来学习，结果却适得其反，反而让孩子感到挫折和气馁。于是，弟弟会觉得"我不像哥哥那么好"，或是"爸爸喜欢哥哥，不喜欢我"。拿孩子和他人比较的话语会威胁孩子的存在价值，有些孩子就会故意表现不好或者干脆放弃努力了，继续做那个

"慢腾腾玩，不好好写作业"的孩子。

如果弟弟开始变得既合作又自律，在一个充满竞争的家庭里面，哥哥做"好孩子"的位置便会受到威胁。很有可能他会改变行为，开始扮演"坏孩子"的角色去重建他在家里的位置。因为相互竞争的关系，每个孩子只能拿家庭馅饼中的其中一块，来稳固自己的位置（归属感），所以对于多子女的家庭，父母最需要做的是放下比较，持续不断地以鼓励的方式对待每个孩子，他们之间的竞争自然就会减少。孩子变得越来越合作，更能发展社会情怀，以打压对方来建立自己地位的倾向就会减少。

双重标准

如果你细心留意，会发现以下的情况在现在的家庭里比较常见。父母歇斯底里地对孩子喊："你好好好说话！怎么动不动就吼？"父母可以大声对孩子说话，却不能让孩子大声说话；父母为了让孩子安静，自己却扯开嗓子吼了起来，"你能不能安静点？"父母吃完了水果和零食，果皮和瓜子壳就在餐桌上不收拾，却让孩子吃完东西要记得把果皮杂物扔到垃圾桶；父母要求孩子一定要早睡，自己却熬到深夜；父母工作累了躺在沙发上刷短视频，看到孩子在玩的时候却喊他去完成功课……我们说的和我们做的是如此不一致。

当父母用这样的双重标准来对待孩子，也是在无形之中告诉孩子，他们在家庭中比较没有价值。孩子在生活中并不是看我们怎么说的，而是看我们怎么做的。行大于言，孩子是通过观察和模仿来学习的。你骂孩子，孩子便学会了骂人；你打孩子，孩子便学会了打人；在教育中，模仿的作用不可小觑。所以，永远要记得，我们是孩子的榜样。当我们面临情绪爆发，却能觉察自己的情绪，暂时离开，平复心情再回来和孩子沟通的时候，孩子也会学到。

当我们安排自己的特殊时光，照顾好自己的时候，孩子也会学到。当我们在家里和孩子运用游戏力，玩枕头大战的时候，孩子放松，你也放松。当我们不小心犯了一个错误，不去自责，一笑而过，继续前行的时候，这种"从错误中学习"的态度，孩子也能学到。

不把行为和人分开

有些家长让孩子去倒一杯水，孩子不肯去倒，爸爸就说："你这孩子，总是这么自私！"如此，将孩子的行为和人格混为一谈。

我们父母需要学会把孩子的行为和人格区分开来。就算是批评孩子，也是基于对行为的批评，而不是对人格的批评。比如说，"你是一个不负责任的人"，是基于对人格的批评，把这个孩子定了性。"这件事情在我看来不负责任"，则是对这个行为的评判，而孩子还有很大的发展空间。

人们通常有两种不同的思维方式，一种是固定型思维，认为事情不是在变化发展的。很多父母把孩子某一刻的行为和这个孩子的人的个性划上等号，贴标签下定义，这就是固定型思维。还有一种是与时俱进的成长型思维。我现在虽然不行，但是我可以通过学习，不断地改变，出了问题解决问题后我可以不断地变得更好。

批评和羞辱

有一天我去做面部护理，结束后，店员让其11岁的女儿打了一碗绿豆粥给我喝。小女孩端了一碗绿豆粥过来，递给正在签字的我。她妈妈说："你没看到阿姨正在签字吗？你不会放到桌上吗？"小女孩就把绿豆粥放到了桌上。接下来她又问："你拿勺子了没有？你居然连勺子都不知道拿！一点小事都不会动脑子想，真是很没用！"

她对我说："我这个女儿啊，11岁了，一点都不聪明，做事笨手笨脚，什么事情都做不好……"我制止了她。我说，她不会的方面，你教她就是了。

母亲希望孩子更好，然而这一连串的批评和辱骂，宣泄了她心中的不满，这些字字句句却停留在了孩子心中。负面的话语像无数自我厌弃的种子，散播在孩子的心田，这些种子生根发芽，终将转为孩子对自己的看法。孩子不但失去了信心，认为自己什么都做不好，也不敢尝试挑战。

太多的批评容易让孩子过度紧张，害怕犯错，而越紧张越容易犯错。又或者孩子对犯错有恐惧，只顾及有没有犯错，而没有余力去发挥创意。

有时候，父母是出于本能的反应，因为她自己小时候是在批评声中长大的，所以遇到事情本能反应是去批评对方。然而，我们现在有重新学习的机会，有很多选择。你可以选择旧有的沟通方式，也可以开始关注解决办法，而不是责备和批评。停下来改变反应模式并不容易，但值得去做，这种改变就是勇气。

第二章里，我们提到十种阻碍沟通的方式：命令、承诺、说教、建议、训斥、责备、否认、分析、抱怨，以及转移话题，这些都会或多或少让孩子感到被拒绝和气馁。批评的做法都是基于纵向关系，而不是横向关系。一个感到气馁的孩子不能和他人建立信任关系而获得归属感，他们倾向于关注自我，而不能发展出勇气和社会情怀，他们会通过各种不良行为来寻求归属感和价值感。

一个孩子气馁的体验越多，对于自己、对于他人以及对于这个世界的看法就越发负面，他发展出的私人逻辑中将有更多负面的认知，从而较容易做出错误的决定，影响人生三大任务，工作、交友和亲密关系。

5.2 以鼓励代替批评

让孩子感受到重要性，建立比较高的自尊，有一个很重要的条件，是减少或避免对孩子的批评。中华民族是个谦逊的民族，但在教育孩子方面，却容易走入一个误区——因为过于谦逊，而过分强调孩子的错误，不注意肯定和赏识孩子。成人的批评对孩子有着深远的影响，这其中又是公开且重复的批评最有杀伤力。"你早干什么去了？""你为什么又在上网课时玩游戏？屡教不改！""你总是这么磨磨蹭蹭！"这些负面的话就像黏力超强的负面标签，植入孩子的自我概念中。被批评的时候孩子往往感到不安全，他的身体会传递给大脑一个信号，表现为用行为来反抗。

有些孩子虽然很努力，但父母仍不能减少批评，导致他们索性干脆放弃努力；有些孩子变得过度紧张，对犯错有灾难性的恐惧。然而，越紧张，越容易犯错。越犯错，越紧张，这样的恶性循环会导致孩子无法全力发挥才能。孩子长大后，可能对他人的批评与不满过度敏感，造成生活困扰。还有些时候批评激活了父母和孩子大脑中的杏仁核，就会引发亲子冲突，无法缔结良好的亲子关系。

而且，父母一直批评孩子的那些事情，孩子并没有改进，相反，还朝着更糟的方向发展。我们必须要问自己，为什么我一直用一种无效的方式却期待一个有效的结果？如果在孩子做对的时候你没有及时地肯定他、鼓励他，却在他做得不好的时候批评他、责备他，那么你正在使用让一个人染上恶习的最有效的方法。

孩子最怕被父母漠视，正面的反馈没有得到，他们就会去做那些招致负面评价的事情，至少还能获得父母的关注。所以，制止孩子不当行为的方法，是减少责备和批评，给孩子正向反馈。要像猎人一样留心，一旦孩子不再出现之前的不当行为，做得好一点点，就要及时地关注并给予认可和鼓励，这才是一种有效的方式。阿德勒认为，孩子的成长是基于优点的。父母若能时刻发现孩子的优点，肯定孩子，孩子必然越来越自信。

我先生曾经颇为沮丧地问我："总是说不批评不批评，那你说，有什么其他办法？"这是很多父母的烦恼。如何在不批评孩子的情况下，让孩子明白自己的错误并能改正呢？面对这个问题，阿德勒明确地回答，没必要任何事情都用斥责、处罚或威胁的方式解决，向对方简单地说明，进行亲密的沟通就够了。只要建立起信赖关系，对方就能接受。

有天晚上到了要熄灯睡觉的时间，小树还在慢悠悠地玩奥特曼，我过去把他的奥特曼拿开，提醒他刷牙睡觉。我离开一会儿，发现他又把奥特曼拿在手里在玩……那一刻我留意到身体里有一股火要冒出来，差点要吼他。同时我也意识到我吼他的目的不过是希望他乖乖听话，赶快去睡觉。发怒和批评也许在这个当下有用，孩子迫于权威和压力而"乖乖就范"，也许没用，孩子被骂有可能引发孩子更大的反抗，反而睡得更晚。无论有没有用，都对亲子关系不利，我们可以采取比发怒更有效的办法达成目的。于是，我再一次走过去，轻轻地拿走了奥特曼，只是指了指时间，小树便去刷牙，然后上床睡觉了。

愤怒并不是无法抑制的情绪，而是父母为了让孩子听话创造出来的产物。所以识别了发怒的目的，我们可以找到对的方法，把自己从情绪中解放出来。社会赋予父母及老师教育下一代的职责，父母若因情绪使然，经常批评孩子，就会使得孩子害怕学习、不想学习，则有违教养与教学的初衷。

我们有很多代替批评的方式，这些方式不仅能帮助我们和孩子建立合作，还不会破坏亲子关系，而一段良好的亲子关系是发展合作能力的基石。有了良好的亲子关系，孩子更愿意合作，也不太会进入到要遭到批评的境地，这是相辅相成的。

☐ 给自己的内在提醒

一个孩子出现不良行为，很多时候是因为他的理智脑（前额叶皮质）还没有发育完成，不良行为背后是很多的心理需求没有被满足。"我想和你有更多联结""我需要处理大的情感""我安全吗？"等。而往往孩子的不良行为，容易点燃家长，家长在情绪脑的作用下对孩子发火、吼叫、批评、惩罚……这些"反应性管教"最终会造成两败俱伤。

孩子会习得家长的"反应性管教"，家长更加看不惯，加强控制，最后孩子可能会产生羞耻感，羞耻感导致叛逆。

任何时候，共情能够让孩子感到被理解和支持，培养他们内在的力量感，增强处理挫折和烦恼的内在能力。只是呵斥他们，并不能让他们产生内在力量。在责骂和批评孩子之前，家长不妨先问自己几个问题：

（1）真的有必要批评么？我们可以平静地说："该洗脸了吗？"甚至可以更轻松一点："我看到一张小脏脸需要洗洗咯。"我们可以有除了发怒之外的解决办法。

（2）我的批评有助于孩子感到放松和渴望合作么？还是造成了恐惧和联结断裂呢？

（3）的责备是基于不切实际的期待么？很多父母希望告诉孩子一遍，他们就学会了。这种期待是不现实的，孩子花了两年时间才学会说话，而社交和情绪技能，如合作、分享、抗挫折能力则需要孩子花更多的时间来学习。

同时，换位思考，设想一下当自己处在孩子的处境时，你希望他人怎样对你，才能感到舒服自在呢？有了这样设身处地的思考，家长就会更容易理解孩子。

孩子希望得到我们的支持，如果将一切都归咎于孩子，你就将孩子和问题绑定在一起，你和孩子站在了对立面。我们要做的，是和孩子站在一起，面向问题："看，我们遇到了一个问题，我们来想想怎么解决。"这时候，你和孩子是有联结的，你们一定能解决问题。

❏ 用"一个词"代替批评

批评：你怎么又把书包到处乱扔！跟你说过多少次要收好你就是不听！

一个词：你的鞋子！

批评：你怎么还在看电视？你又没有遵守约定，下周你不能看了！

一个词：（指指墙上的钟表）时间到了。

尤其是对于即将步入青春期的孩子，我常给家长的建议是"惜字如金"。父母说得太多会造成冲突。冲突越多，孩子越可能对你形成固有思维，更不愿意听你说话了。

第五章 "我是有勇气的！"
父母如何帮助孩子培养勇气，不惧人生的挑战

❏ 用"体验结果"代替批评

阿德勒心理学主张的教育方式，非常重视"体验结果"。还是孩子不肯收拾玩具的例子，就算父母用斥责、威胁的方式逼迫他收拾几次，到头来他也不会记得主动去收拾玩具。

先分清楚这是谁的课题。如果玩具是在孩子房间里或者孩子的玩具房里，那父母大可放任不管，反而有效果。人是通过"体验"来学习的，孩子更加是。当孩子尝到找不到玩具的痛苦时，他们就会明白收拾玩具的好处。可是有些孩子根本体验不到这个"失败"的过程，就被"好心的"父母从中干涉了。孩子有经历失败的权利，所以适度的放手很重要。不是因为做得到而放手，而是因为放手才做得到。让小牛下地，它才能学会耕田啊。

❏ 用"关注解决办法"代替批评

眼看出门上学的时间就要到了，六岁半的孩子还在不紧不慢地穿衣服。之前叫了几遍不起床，起床了又躺回被子里睡。只剩下15分钟就要出门，衣服还没穿好，更别提刷牙洗脸吃早餐了！本能地，我想吼："你还要不要上学啊？你不想上学是吧，那你就慢慢弄吧。校车走了就走了啊，你就在家里待着吧！"但我不能这么说，这样说，会让他更气馁。

我要做的是，和他表明我的着急，并且一起制定日常惯例表，把晚上睡觉的时间提前，以使早上能更早起床。不急、不催、相信孩子。

在一个我们俩都感觉好的时间，和孩子一起坐下来，问他："想想看，你睡前都有哪些事情要做呢？"让孩子回答，你帮他写下来，或者他自己写或者画。然后让孩子排序，先做什么，后做什么，什么时间做

什么。过程中要注意，孩子参与得越多，他的配合度也就越高。

对于四岁以前的孩子，他还不会写写画画，我们可以把他做每件事情的照片拍下来，打印出来，让孩子看着照片来排序。

有了日常惯例表，你只需要轻轻提醒孩子："你接下来的下一项任务是什么呀？"日常惯例表也可以根据实际情况来调整。

小乌龟又死了一只。本能地，我想把六岁半的孩子叫到跟前来，对他说："你看吧！乌龟又死了一只。买了乌龟你又不好好照顾它，以后再不能养了！"但是我不能这么说。这样说的结果，会让他更加气馁。

我可以做的是，和孩子一起面对这个过失，去反思我们哪里没有做好，让小乌龟死掉了。和孩子一起思考，我们接下来怎么做可以让其他的小乌龟生活得更好。比如，我们可以贴一个小乌龟的喂食表、换水的日程表，用可视化的图表来提醒我们。

面对问题，我们不是和问题站在一起，去责备孩子做错了。而是和孩子站在一起面对问题，思考，我如何才能帮助到他？

❏ 用"鼓励"代替批评

检验父母的教养方式是否有效和得当，要看孩子的行为有没有改变。

举个例子，面对不怎么会整理的孩子，父母不断地批评孩子："怎么又弄得乱七八糟！""说过多少次了，你就是不收好！"最后的结果行为并没有得到改善。同理，孩子磨蹭、写作业难、偷玩游戏……，父母斥责得越多，孩子越是积习难改。

我们如果能改变一下思路，在孩子稍微有点进步时，就鼓励他，孩子逐渐会重复正向的行为。"我注意到你今天一玩好桌游就收拾了！""谢谢你洗完澡把浴巾挂到架子上了！"这也会让孩子感到"我是有能力的！""我能做到！"改变行为是通过正向强化，而不是负面批评。

孩子在内心深处对自己的认知，很大程度上和他身边的成年人与他交流时所使用的语言有关。让我们多给孩子鼓励，把"自信"作为礼物送给孩子吧。有关鼓励的具体运用，我们会在后面的章节里体现。

5.3 少赞美、多鼓励

我们要尽量避免让孩子感到气馁，因为气馁会浇灭孩子的热情。同时，也要留意，过度的赞美也会浇灭孩子的热情。赞美和鼓励虽然都是正向的言语，然而，这两者对孩子的影响却是天差地别。

☐ 鼓励是无条件地接纳孩子，赞美是有条件地接纳孩子

我们来看几个例子：

赞美：宝贝，你太能干了！（孩子可能会想，我会一直这么能干吗？我不能干的时候，他们还爱我吗？）

鼓励：宝贝，谢谢你帮我扶着玻璃门，方便婴儿车能推出去。（相对而言，鼓励是着重于孩子的贡献是如何有帮助。）

赞美：你太出色了！没怎么用功就得了 A。（孩子会想，我最好停止学习，否则他们会认为我不够出色。下次我如何没有得 A，他们会怎么看我？）

鼓励：你得了 A，这是你努力很久的结果。（鼓励看重努力的过程，而不是结果。）

赞美着眼于孩子出色的表现，当孩子的行为符合标准或成人的期

待时，才会获得赞美。听到赞美的话，孩子会很得意，同时也可能会患得患失，万一我哪天没有得到 A，没有这么能干，爸爸妈妈还会肯定我吗？还会爱我么？赞美是有条件的接纳。

而鼓励不看重结果怎样，而是看重努力的过程。不管孩子做得好与不好，都会被爱，都被接纳，孩子的内心力量因此得到滋养。

❑ **鼓励建立自信，赞美造就他信**

几年前，在公众号开通原创之后，我开始变得患得患失。每发出一篇文章，我都会留意阅读量有多少，赞赏有多少。阅读量和赞赏多，我就很有动力，受到鼓舞。阅读量和赞赏少，我便失落，开始怀疑自己，心想这篇文章一定写得不怎么样。这个时候我意识到自己是多么渴望得到他人的认同。事实上，我的公众号文章得到了很多不错的反馈。

为了得到更多的认同，急于求成，我在标题上下功夫。这一招卓有成效，有时候能拟出不少有趣的或是霸气侧漏的或是哗众取宠的标题，增加了不少的阅读量。直到有一天，有人问我，你的文章想要向读者传递什么？我意识到，这期间，我是为了增加阅读量和粉丝量而写。可这并非是我的初衷。我的初衷是在生活中实践心理学，然后分享。渴望得到赞美，却忘了初心。

回到童年，我是在父母和老师的赞美声中长大的孩子。一直到现在，我回到父母家，还有邻居的大伯大婶说，我小时候是多么地受欢迎。因为很聪明，邻居们争着抢着要抱我，他们甚至把自己的碗递给我，任由我用手抓饭吃。我要任何东西，他们都满足我。因为这样，我形成了一个人生信念——"我是中心"。周围的人都是为了"我"而存在。

在赞美的光环里生活了太久，我认定被赞美被认同才有价值，害怕失败了便没人喜欢自己，为了赞美才用功学习。一旦成绩不好的时候，我就认为自己再也得不到父母的关爱了，读书、学习这件事已经失去原本的意义了。学校里的演讲比赛，我在乎的是，如果自己做不好，别人会怎么看自己，而不是如何面对和解决演讲比赛中遇到的难题。在我刚开始学会开车的时候，我去学校接孩子，会故意把车停得很远。因为那时候我侧方停车还不够熟练，不好意思在众多的家长面前停车，怕停不好，怕丢脸。太关注自己，因此惴惴不安。

赞美让孩子感觉到只有做好成人期待的事时，才会被认同，被肯定，才有价值感。得到赞美越多，孩子就越依赖于外在评价，逐渐相信只有获得别人的赞美，自己才有价值，当他人不赞美自己时，自己就一无是处。

和赞美不同的是，鼓励强化孩子内在的自我评价，让孩子相信自己的感觉和判断。这个孩子的内在价值感很足，不会因为他人骂自己"笨蛋"就觉得自己很笨，也不会因为他人说"你太棒了！"而沾沾自喜。

鼓励让孩子敢于面对挑战，赞美让孩子没勇气接受失败

有一个研究，对两组同等年龄同等水平的孩子做了一组测试。测试结束后，老师对第一组说："你们都做完了，真聪明。"另外一位老师对另一组说："你们做到了，你们付出了努力。"

接下来再做一组测试，测试开始之前问这些孩子："你们希望这个题是一样的还是稍难一些的？"被说很聪明的孩子的回答是："一样的！"他们不想冒险。被说很努力的孩子们选择更难一些的。他们是敢于尝试和冒险的。

试验的第三步是重新给这两组做同难度的测试。被说聪明的这一组，考试成绩比之前还糟糕。相反，被说努力的这一组，心里没有压力，能以平常心去对待这个测试，反而考得更好。

尽量不要对孩子说，你真聪明。这一点都不具有鼓励性。这意味着每一次参加测验都要担心自己是不是足够聪明。其实，你只要足够努力，用功，你就能获得成功。

经常被赞美的孩子，在面对有挑战性的事情时，第一反应是如果失败了会有怎样的后果？会不会丢人呢？所以他们就想办法推脱，因为认为自己不能胜任，还没有尝试就主动放弃，即使做了充足的准备，所以即便想证明自己的实力，也不敢在公共场合表达自己，生怕说错一句话，做错一件事会沦为别人的笑柄，"哎呀，万一说得不好肯定会被嘲笑，还是别说了。"孩子其实很讨厌孤单，想拥有朋友，想得到关心和体贴，但在人际交往中，因为害怕被人讨厌，他们总是刻意和人保持距离，不敢亲近。

❑ 鼓励注重横向关系，而赞美带有操控

前文多次提到，横向关系是有效养育的基础。当父母以平等、尊重的方式对待孩子，接收到鼓励的孩子相信自己无论表现好坏，都是被接纳的、被爱的，他们不担心一旦失败了便不被接纳不被爱，于是他们有意愿去尝试新的挑战，也能够接受自己的不完美。失败对他们而言，没有什么大不了，也没有什么了不得。

而赞美是站在较高的位置给予评价。父母称赞时的心态是，如果你做我认为好的事情，你将会从我这里得到承认和重视作为奖赏。这是用外在的奖励来激励孩子的一种方式。渴求赞美的孩子为了获得肯定，可能发展出不切实际的目标，不能接受自己的不完美。赞美和惩罚一样，都具有操控性，不但无法建立孩子的自信，还可能促使孩子学会讨好别人，失去自我。

第五章 "我是有勇气的！"
父母如何帮助孩子培养勇气，不惧人生的挑战

赞美	鼓励
注重外在控制	注重个人有能力以建设性的方式安排生活
注重外在的评价，"别人会怎么想？"	注重内在评价，"我是怎么想的？"
只有完成任务，表现好才获得赞美	只要努力与进步都能得到鼓励
个人学会顺从或反抗	个人习得接纳不完美的勇气，并且愿意尝试
个人价值建立在他人的观感之上	个人的价值由自我衡量
设定不切实际的标准	学会接纳自己和他人的努力
以接近完美的程度来衡量个人价值	
长期得到赞美，习惯依赖他人	长期得到鼓励，更加自信和自立

赞美与鼓励的区别

还有一个研究表明，先让孩子们选择一些自己特别喜欢玩的活动，之后每次他们玩这些活动就给他们一些奖励。在很短的时间内，孩子们就不再喜欢这些活动了。如果是出自他们内在的选择，他们会很愿意玩，而现在来自外在的控制使得他们不喜欢玩了。没有哪个孩子喜欢被操控。为了减少孩子对权威者的依赖，培养独立思考与判断的能力，我们要刻意避免赞美孩子、用鼓励代替赞美。同时，家庭会议、启发式提问、倾听等，都能培养孩子独立思考，发展批判性思维和解决问题的能力，这是孩子发展自主性的基础。

❏ 鼓励注重过程，赞美注重成果

鼓励看重孩子在过程中的努力和用心，所以即便是结果不佳，但无论努力和改进多么微小，都可以运用鼓励。比如说，一个在学校不举手发言的孩子，我们可以对他说，昨天你一次都没有举手，而今天你举手

回答了老师的问题。对于一个老爱迟到的孩子，我们可以说，你昨天9点到校，今天8点50分就到了，比昨天早了10分钟。

成人不计较成败的态度，能让孩子也学会认同自己与他人的努力，不患得患失，于是他更能勇往直前地去追求自己的目标。

而赞美更在意结果，这个孩子的表现是否优异，成绩是否在班级名列前茅，音乐比赛有没有获得名次，这些结果达到了才能获得赞美。孩子可能拼命追求完美，也可能学会以完美或表现出众的程度来衡量自己的价值。

❏ 鼓励激发勇气，滋养社会情怀，赞美强化个人主义

赞美很容易让一个孩子更关注个人的成功，他期许自己表现出色的目的，是为了吸引众人的目光，获得更多成功。一旦表现不好，他就觉得自己没有价值。希望得到赞美的孩子非常渴望别人的掌声，因此他要不断和人竞争，觉得要领先他人才有价值。这就强化了个人主义思想。

而擅长鼓励孩子的父母，他们的内心稳定，他们自己不会和别人比较，也不会拿孩子和其他孩子比较，相反，他们关心孩子是否接纳自己，是否建立面对困难的勇气。

通过鼓励，指出孩子的贡献，让孩子知道他对团体的重要性，这样便能增长孩子的社会情怀。孩子不会只关注"小我"的得失，而能强化对"大我"的认同，更愿意用自己的才能和努力为团体做出贡献。拥有社会情怀的孩子，更能勇于面对自己的人生课题。所谓的人生课题，就是人际关系。不只是大人，孩子也会因为人际关系而烦恼。人是无法独活的动物，任何人都无法回避人际关系。所以父母要做的就是，鼓励孩子，滋生社会情怀，让他们勇于面对自己的人生课题。

5.4 鼓励的表达形式

令人气馁的互动和空洞的赞美，多半来自没有意识和觉察能力的父母，他们看不到孩子的感受和需求。与之不一样的，是鼓励的互动。鼓励来自理解、接纳、信任、合理的期待。经常得到鼓励的孩子，能与他人建立信任和紧密的关系，获得归属感。他能欣赏和肯定自己，发展正向的社会行为，乐于贡献。

有一天下午，小树的同学来家里玩，我拿拖鞋给他，他说谢谢，我对他说"我拿拖鞋给你，你说了谢谢！"小朋友进到家里后就到洗手间去洗手，我又对他说："你一进门就洗手，这个习惯很好！"后来在孩子们一起玩的时候，我又及时给了他鼓励："我注意到你把不要的包装纸扔到了垃圾桶。"

第二天早上，我碰到这位小朋友的妈妈，她告诉我，昨天小朋友回到家之后特别高兴，一直哼着歌儿，做什么事情都很积极，还告诉家里人，阿姨表扬他了。

鼓励就像给孩子的心理营养，让他滋生了内在力量。德雷克斯说，孩子需要鼓励，就像植物需要水。一个眼里有光的孩子，是一个收到更多鼓励的孩子。收到的鼓励越多，孩子就越有信心做更多的贡献。我们成人也是如此。

鼓励可以有三种表达形式：描述式鼓励、感谢式鼓励和授权式鼓励。

> **描述式鼓励**
>
> "我注意到 / 看到 / 观察到＿＿＿＿（具体清晰地描述对方值得鼓励的行为）。"
>
> 例如：＿＿＿＿＿＿＿＿＿＿＿＿＿＿＿＿＿＿＿＿＿＿
>
> 伟博，我注意到你把座位让给了奶奶坐。
>
> 小树，我看到你给每一个人的桌上都摆好了筷子。

我们平常在鼓励孩子的时候习惯说"你好棒啊！""你真厉害！"这些并不是不能说，只是过于笼统，缺乏针对性。具体清晰地描述孩子值得鼓励的行为，会让孩子感到被"看见"，被"重视"，内心更有力量。

有一年圣诞节，在陪哥哥睡觉的时候，我借圣诞老人的名义来表达对孩子的爱和鼓励。

"伟博，我昨晚醒来时碰见了圣诞老人，他要我和你说一句话。"

"什么话呀？"

"他说，请你告诉伟博，我很爱他。"

"哇喔！"小男孩露出兴奋的神色，满含笑意。

"为什么呢？"

"不为什么呀。他就是很爱你。"

"哦。"

"对了！他对我说，有一次你和妈妈还有弟弟回家的时候，弟弟睡着了，妈妈抱着弟弟，你什么话也没说，就接过妈妈手里的袋子。虽然很重，但是你把它提上了楼，提回了家。"

"哇！"他的头从被窝里弹出来，很开心的样子。

"他还看见有一次,弟弟把你拼好的乐高玩具拆散了,你没有打他,而是告诉弟弟你的乐高玩具被弄散了,你不高兴,并且准备了单独的一盒乐高玩具给弟弟。你能够照顾弟弟,还能想出解决的办法。"

"哇!"他又把头从被窝里弹了出来。

"哦,还有一次,你和小朋友在玩木马的时候,弟弟想要坐另外一个小朋友的木马,小朋友不给他,你提出和小朋友交换玩,然后把你换来的木马给了弟弟坐。能看得出来你真的很爱弟弟。"

"哇!"又是和前面重复的动作,他头弹得老高。

"还有吗?"他问,眼睛亮亮的。

"还有啊,你出入小区的时候,都会扶着门,让后面的人可以顺利通过。有时候你扶着门,妈妈推着弟弟的婴儿推车出去也更容易了。"

"哇哇!"他显然特别开心听到这些。

"还有吗?"继续问我。

"还有你好多次都帮妈妈洗碗。有时候你和妈妈一起合作做家务,妈妈洗碗,你过水,很快就把餐具收拾好啦。你还会自己做蛋糕,会煎饼,能用筷子和锅铲把饼翻过来。玩过的玩具和大木头积木,你也能够收拾得很整洁。"

还有很多很多……

伟博,不管你有没有做这些,妈妈都爱你。

鼓励(Encourage)的词根是从拉丁语"Cor"而来,也就是"心"的意思。鼓励能赋予人信心和勇气。养育孩子的终极目标,就是"给孩子勇气",协助他们活出自己的人生。

> **感激式鼓励**
>
> "谢谢你,是因为_____(具体清晰地描述对方值得鼓励的行为)。"或"我欣赏你_____(具体清晰地描述对方值得鼓励的行为)。"
>
> 例如:_____
>
> 伟博,谢谢你把这么重的快递从物业拿到了家里。
>
> 小树,谢谢你把这一箱鸡蛋放进了蛋托里,一个都没有破。

这后面都是具体的描述,而不是评价。比如说,我注意到小明上课很认真,这是评价。小明做了什么让你觉得他上课很认真呢?再具体一点,我们可以说,我注意到小明上课用三种不同颜色的笔做笔记。或者,我注意到小明这一节课举了五次手来回答老师的问题。

这样的思维习惯可以迁移到很多方面,能让你更客观地看待事物,不对孩子贴标签,甚至对写作文也有帮助。有一天,我们经过一个小区,小树说:"妈妈,这个小区的绿化真好!"我就问他:"是什么样的景象让你觉得这里绿化真好呢?"他回答:"灌木丛修剪成了椭圆形,一排绿树前面有一簇月季花。"好的文章通篇没有一个美字,却能让你看完文章后对美景心生感慨。这就需要我们练习具体描述的能力,而引导鼓励能帮助孩子练习并扩宽思路。

> **授权式鼓励**
>
> "我相信/信任你_____。"或者"我对你_____有信心。"

授权式鼓励相对来说比较难。尤其是对于尚不习惯鼓励的孩子,需要父母提供"证据"让授权式鼓励真正表达信任,给予孩子内心力量。

例如,"虽然这篇习题对你来说很难,但我看到你已经通过自己的思考,答完了五道,你已经表现得非常棒,因为你在此过程中表现出了坚韧、思考、不放弃的品质。而且,我相信你能尽自己最大的努力做完这些题。"授权式鼓励表达的是对孩子真正的信任,而不是家长的期待。

5.5 鼓励的基本态度

除了鼓励的形式,我们还要了解一些鼓励的基本态度。

◆ 接纳孩子

接纳孩子,接纳他阳光、自信的一面,也接纳他胆小、敏感的一面,这些都是他。让孩子知道,即使他不完美,仍值得被爱。即使没有达到父母的期待,仍然不会被嫌弃。父母能接纳孩子,会让孩子觉得被看重,感到安全,觉得自己是有价值的,这是父母和孩子建立良好关系的第一步。

受自己童年经历的影响,有些父母可能在接纳自己方面存在困难,因此也不太能顺畅地接纳孩子。父母要自我反省是否将对自己的一部分期待投射到孩子身上了,因此父母内在的成长也至关重要。

表达接纳的语句:
- 我看得出来你很愉快。
- 既然你不满意,你想做什么事情可以让自己觉得快乐一点呢?
- 看起来你还蛮喜欢这样的。
- 你对这件事情觉得怎么样?

◆ 信任孩子

当成人表现出对孩子的信心，孩子也渐渐地能够信任自己。如果成人不信任孩子，孩子也很难相信自己。李跃儿老师在她的《谁了解孩子成长的秘密》一书中说道："信任孩子就是信任生命。"她还分享了两个例子。

一位妈妈很仔细地看着躺在摇篮里的宝宝，一会儿拉着宝宝的胳膊，一会儿拉着宝宝的腿，又盯着皮肤看了半天，然后打电话给育儿专家："请问是××专家吗？我发现我宝宝的胳膊有点短，腿有点长，比例不太对劲儿，胳膊和腿的比例到底是多少才是正常的？还有，我发现……"刚放下电话，拿起玩具逗弄宝宝，她又发现问题，又拨电话："××专家吗？我家宝宝怎么还不吃手？他只喜欢啃一个东西，但是啃两下那个东西从手里掉下去后他也不找，我教了他半天还是这样。我应该多长时间给他换一个物品？"

一通折腾后，这位妈妈又忙着上网查促进宝宝智力发育的物品有哪些……结果弄得这位妈妈疲惫不堪，觉得养个宝宝怎么这么累啊！

与此不同的还有一位妈妈。同样大的宝宝，同样年轻的妈妈，宝宝在摇篮里啃自己的物品，妈妈一面哼着歌，一面像跳舞一样优美地抖开刚洗过的尿布，把尿布晾在衣竿上，然后坐在摇篮边，边哼着歌边做手工。孩子哭了，妈妈微笑着把孩子抱起来喂奶，喂完奶，把宝宝抱在怀里跳舞，等孩子平静下来，快乐地转一个圈，再把宝宝放在摇篮里。等孩子睡了，妈妈走向厨房，哼着歌切菜做饭，轻快地打扫屋子，一直都很快乐。

从前后两个例子我们可以看出来，信任孩子，能够带着爱放手，家长自己也会很放松很快乐，而不信任孩子的家长很紧张、焦虑、忙碌、疲惫不堪。家长信任孩子，就相当于给孩子添加了无忧无虑成长的养分，能够让孩子快乐坚定地成长。

表达信心的语句：

- 我相信你做得到！
- 我注意到你每天下午都花一小时跑步，我对你参加铁人三项的比赛有信心。
- 这件事情很不容易，但我相信你有办法解决。
- 我相信你有自己的判断。

◆ 挖掘孩子的优点

把注意力放在好的方面。比如说，孩子做了20道题，只有3道对了，我们可以把注意力放在这3道是怎么做对的上面。孩子考试只考了59分，需要认可他59分是怎么做到的。即便是有些孩子的特质不符合成年的期待，我们仍然需要用积极正面的观点来看。比如说，坚持度高的孩子，让人觉得固执，不会变通，然而他决心要做的事情，却能坚持到底。一个"优柔寡断"的孩子，他其实是"考虑事情细致周全"；一个"没有耐心"的孩子，他其实是"做事果断"；一个孩子在学业方面"不怎么样"，然而他可能非常有运动天赋，或者很擅长结交朋友……父母要学会在平常的生活里，像猎人打猎一样，睁大眼睛去寻找猎物——挖掘孩子的优点。

指出贡献、才能和感谢的语句：

- 谢谢你百忙之中还促成了这次培训。
- 你画画很有技巧，你愿意帮我画书里的插画吗？
- 你这么做真是善解人意。
- 关于……我需要你的帮助。

◆ 重视过程胜于结果

要把焦点放在孩子努力的过程上，而不是结果。我很喜欢世界杯赛场上贺炜的解说："请不要相信胜利就像山坡上的蒲公英一样唾手可得，但请相信世上总有一些美好值得我们全力以赴，哪怕粉身碎骨。""冠军只有一个，但是所有人都有为自己的梦想去努力的机会。"有些孩子已经很努力了，但是结果不尽如人意。父母若能肯定他们的努力和进步，孩子便能萌生再接再厉、愈挫愈勇的动力。

过度强调结果，重视成功的态度向孩子传递着一种价值观：只有成功的人才有价值。这种态度带来的影响是，孩子容易成为一个固定型思维的人，他可能因为害怕失败，而丧失了冒险尝试的勇气。要让孩子知道，所有的努力都是有价值的。把错误当成学习的机会，让孩子逐渐养成成长型思维，这会影响到孩子一生的幸福。

承认努力和改进的语句：

- 看来你花了不少时间，才把这道题搞懂吧。
- 这是你努力的结果。
- 在××方面你正在改进。
- 你是怎么做到的？

> **练习：给孩子的鼓励树**
>
> 准备一张白纸，在上面画出一棵树的轮廓，再准备若干个心形的贴纸。
> 在日常生活中，随时随地去发现孩子值得鼓励的地方，记录到贴纸上，再贴到鼓励树上。渐渐地，你会发现孩子神奇的变化。

5.6 关注孩子的细小进步

小树第一次用铅笔写字的时候,他激动得不行,喊我来看。我没有说,他把字母 B 写反了,写成了镜像,也没有说,有些字母写到了格子外面。我在寻找他做得好的一些点,终于让我找到了,我说:"哇!你的单词与单词之间有一个手指的距离!"

第二天,他又叫我看他写的字:"妈妈,你看,我把字母 B 写对了,我还都写在格子里面了。"

我也非常吃惊。以前我以为,要让孩子进步,就需要指出他的错误。但是我越来越发现,当我告诉孩子他做得对的地方,他受到鼓舞,会更有力量,也会想办法提高自己,这就是内驱力。

想要鼓励孩子,父母首先要察觉并改变自己深藏心底的负面和消极的观点,放弃在孩子身上挑错的习惯性做法。这需要父母有觉察力,意识到自己在挑错时及时转变内在的态度,这也很需要决心和意志力。毕竟在孩子表现不好,令人失望时还要鼓励孩子,很多父母难以做到。这就好像在一张白纸上画上几个黑点,如果没有刻意练习,你习惯把注意力放在黑点上,慢慢地就忽略了白纸上还有那么多可以发挥的地方。

习惯性地把目光放在孩子的缺点上,那些孩子做不到的事情上,这样的父母就是黑点父母。根据吸引力法则,你看到什么,就不断地放大什么,强化什么。黑点父母总是看到孩子做不到的地方,不好的地方,孩子总是感到做不到,做不好,这种感觉就会越来越强烈,表现就会越来越差。

在养育的过程中，我们很容易看到自己和孩子的"黑点"，习惯于盯着那些做得不好的地方。有一天，我在"大脑盖子"打开的情况下，看到伟博各种不是并"滔滔不绝"讲出来的时候，他很气馁，"嘤嘤"地哭了起来。我忽然想起了"神奇的鼓励"。南非有一个名为巴贝玛的部落，他们解决成员违规犯纪的方式堪称举世无双。当有人行为不负责或者违反纪律，部落会将他单独安置在村里最中心的位置，并不加束缚。然后全村男女老幼暂停工作，以被告为圆心，围一个圈。接下来，每一位部落成员逐一对着被告大声说出他一生中做过的所有好事、个人优势、正面特质、良好行为等，这个仪式可以持续一整天，直到每位成员都说不出来为止。仪式进入尾声的时候，大圆圈散开，欢乐庆祝活动开始，而被告也重新回归部落。难以想象被告从朋友和家人口中听到这么多鼓励话语的时候是什么感觉。

当我想起这"神奇的鼓励"，我就问伟博，愿不愿意听我眼里他做得好的方面，他说"可以"。我开始一一列举，很快就列了十条之多，看到他的脸"由阴转晴"，我想他的感受一定也是极好的。

我的家长课堂上，有一个体验式活动，大家先画一幅自画像，写上自己的优点，然后四处走动，和伙伴介绍自己的优点。当看到其他伙伴分享的优点你也有的时候，也在自己的纸上记录下来。一开始20个优点都很难写下去的家长，在介绍完一圈之后，写下来40多个，甚至有的80多个。大家很惊讶，竟不知道自己这么优秀。

要知道，我们比自己想象的要更优秀！

每天找到孩子的细小的进步，向他表达，这个过程中就是去学会肯定孩子。通过心理暗示，不断去培养孩子的自尊心和自信心，使其建立"我可以！我行！"的信念。

当你每天看到的都是他们做得好的地方并且及时给予他们鼓励，他们就会有越来越多的正向反馈给你。在每天这样刻意的练习之下，你对孩子的观察就会更加细致，鼓励和称赞就会变得越来越多，这样就营造了一个积极互动的氛围。

有一期家长课学员，朵朵妈妈分享了自己记录孩子细小进步的过程。她每天把孩子的细小进步写到"美言卡"上，读给孩子听。渐渐地，她发现自己变得越来越柔软，家里也不再是一地鸡毛，看谁都不顺眼。孩子被赋能了，无论是在学习上还是品行方面，都越来越好。她打算把"美言卡"结集成书，将来作为一份礼物送给孩子。这里记录了孩子的成长点滴，也记录了自己成长的历程。

练习：寻找"细小进步"

1. 在手机备忘录里建一个新的文件夹，命名为"细小进步收件箱"。
2. 像猎人一样，及时捕捉孩子每个细小的进步，写进收件箱里。在初期，只需要找三个就好，渐渐地，你会发现你能找到越来越多的进步。
3. 在合适的时间反馈给孩子。可以是睡前悄悄话时间，或者接送孩子的路上，或者一起晚餐的时候，又或者是家庭会议上。记住：千万不要在后面说"但是"。

越是看不到孩子进步的家长，越要打起精神，认真完成这个练习。

5.7 用加法视角代替减法视角

人人皆有缺点，然而尽是强调缺点，只会让人变得更糟。

——鲁道夫·德雷克斯

对孩子的负向评价，正所谓是越抗拒，就越发生。你越是不想他犯的错，因为你经常去强调它，这些错误就越加频繁地出现在你的面前。孩子似乎在不断向你印证，他就是做不好，做不到，这就更加强化你对黑点的敏感度，因此陷入了一种恶性循环。在这种情况下，就算你知道了这个道理，知道鼓励很重要，但是你却控制不住情绪，常常对孩子吼叫。你想的和你说的并不一致，你们的亲子关系就会变得越来越紧张，孩子也会觉得委屈压抑，父母也会觉得挫败烦躁。

要想改变这样的局面，就要从源头入手，改变看待孩子的视角。此时你每天能看到什么，就显得尤为重要。

有一位小朋友，他叫小明，妈妈比较苦恼他总是听别人的意见，没有自己的想法，没有主见。她讲了一件事情，有一天，小明和小天一起做手工，小明拿了一张红色的卡纸，小天说："我们要不用蓝色的吧？"小明就说："好呀，用蓝色的。"手工课的老师对小明说："小明，你可以坚持你的想法用红色的，你没有必要听小天的用蓝色的。"小明说："我就用蓝色的。"老师和家长都认为小明不太有主见，没办法拒绝别人。可是，他明明拒绝了老师，他并不是没有主见。但是因为家长认为孩子没有主见，给孩子贴了标签，他们看见的，就是孩子没有主见的部分。

第五章 "我是有勇气的!"
父母如何帮助孩子培养勇气,不惧人生的挑战

另外有一位小朋友,他尝试攀岩,在最高的地方尝试了几次,就放弃了。父母就说这孩子不够自信。我们习惯用这么一种很让人担忧的方式来下结论,却不会认为这个孩子是有好奇心,因为他在不断地去探索和发现他感兴趣的东西。

以何种视角来看待孩子,这跟我们成长的固有思维有很大的关系,我们眼中认为的对和错太绝对了,认为这样就是对的,那样就是错的。

教育最核心的目的是发现"我是谁",所以当孩子,或者包括我们自己,能知道"我是谁"的时候,才有可能找到"我"的意义。孩子会从很多地方来发现"我是谁",比如当班干部这件事,有的孩子他很享受,当班长的时候,他就去领导大家达成目标,成为优秀班集体;而有的孩子,也是当班长,但他的目标不是引导大家成为一个优秀班集体,他也许想做点别的事情;也有的孩子,就是喜欢一个人待着,喜欢钻研,每个人都是不同的。

首先,你要让孩子成为他自己。其次,要相信你的孩子。他不懂礼仪,并不代表他就会变成熊孩子,不要往最坏的方向去想而徒增自己的焦虑。当然,我们也需要让孩子知道各种规则,不需要去强制他压迫他,或者是去要求他必须怎么样,但是要让这个孩子自己为自己的行为负责。而为自己的行为负责的前提是他需要知道他的边界在哪里。这个社会的规则和学校的规则,家庭的规则,他都要了解——你讲话特别大声的时候别人就会生气,别人可能会不高兴;如果你打了人,那个人就会疼;如果你闯了祸,你可能就要去道歉,要去负责。家长要做的,第一是充分信任孩子,第二就是跟他一起去了解他是谁。

充分信任你的孩子,换个角度去看待他的个性。所谓的"优点"或"缺点",都是评价,无不带着社会标准与个人好恶。对孩子而言,从"人"的层面看,那些"优缺点"都只是"特点"。家长要去做"发现者",去

做"点亮者",孩子未来会因此而不同。

在我上学的时候,同学都说我比较敏感。我觉得这个敏感不是一个好词儿,并且因此非常不喜欢自己。后来我发现,正因为敏感,容易因为别人的一句话而受伤,我会特别注意措辞言语,也不会故意去伤害别人。反而是性格特别开朗的同学,大大咧咧,心直口快,有一些言语会无意中伤了他人。这里不是说性格开朗的孩子都容易伤人,而是说,我们怎样去看待所谓的"缺点"。本来认为是缺点的特质,换个角度看,就能变成优点。

缺点和优点的 AB 面

缺点	优点
没有耐心	做事果断
注意力不集中	可执行多重任务
优柔寡断	考虑事情比较周全
性情急躁	能坦率表达自己的想法
不善表达	擅长倾听
固执	坚定
耳根子软	对他人宽容
爱出头	有领导能力
爱说话	有信息传达能力

有的父母抱怨孩子"没有耐心",换个角度看,其实孩子"很果断"。还有"注意力不集中",仔细想想,他是不是很擅长"同时处理很多事情"。我们不是"优柔寡断",而是"考虑事情比较细致周全"。父母多关注正面,看到孩子的优点,不但父母对孩子的看法会不一样,孩子自己对自己的看法也会改变。

有些孩子会说:"我鼻子很好看,我眼睛很好看,我嘴巴也好看,可是我个子不高啊。"他们总是看到那些不太好的特质。有些孩子会说："虽然我个子不高，但是我眼睛好看啊，我鼻子好看啊，都很好看。"这就看到很多自己很好的那一面，他们无疑是很自信的。我有一位女性朋友，她的鼻子，又平又塌还很大，但是她爸爸对她说："你这张脸啊，就搭配这个鼻子好看！"她也因此特别自信。

事情都是一样的，但是我看待事情的视角可以更积极。多练习感恩，也能帮助我们的思维变得更积极，身边的关系也因此发生很大的转变。

有一次看到伟博拿着 iPad 做作业时悄悄看视频，我刚要抱怨，马上感恩："还是要谢谢你记得作业。"

早上出门时，孩子的行为让先生气呼呼，我也会烦。我心疼孩子一早上就要经受家长的情绪压力，让孩子很沮丧。而且，你在示范用情绪处理问题，孩子也会学会你这样的方式。然而，当我刚想抱怨，马上感恩，先生已经很克制自己的情绪了，而且即便是在情绪中，他也提醒孩子带上鸡蛋、牛奶……当我这样一想，也不烦了。

我做好了早餐，父子三人还不来吃，刚要抱怨，我马上感恩："还是要感谢这一家四口在一起共度周末。"

打印机出现故障令爸爸抓狂，他开始不断地抱怨，他的碎碎念让我心烦。我本能地要责怪他又在抱怨，意识到这个念头后马上感恩："还是要谢谢爸爸在操心孩子的事情。"

雨很大，孩子踢足球带来更多挑战，我依然感恩："还是要谢谢孩子们很健康，雨中踢球又锻炼了毅力。"

体育课，弟弟要我和他一起跳。我还有很多工作没有完成，对于他的打扰感到有点烦，但转念一想，这是多么难得的亲子时光。于是我选择和他跳，他更有劲了，休息时间趴我身上挺开心！

做好午餐，兄弟两个人还在打闹，面条再不吃要坨啦，我心生不满，欲喊叫，转念一想，他们上了一上午的网课也需要释放，于是心态放松了，他们也很快来吃了。

你看到什么，就会放大什么。我们的坏心情往往来自"我没有"的念头。当你看到的都是"我没有"，那便是对你所拥有的一切不心怀感恩。你所拥有的（金钱、健康、亲密关系……）就像好朋友一样，如果不去感恩，它们怎么会留在你身边呢？

关注孩子的细小进步，练习积极的思维，和我们开车、游泳一样，熟能生巧。越练习，意识转得越快。在清晨，满怀感激地开始一天的忙碌，花几分钟的时间，对一天将要做的工作表达感谢；夜晚，带着感恩和满足入睡，这一天，会充满不可思议的魔力。

5.8 将错误视作学习机会

听过我家长课的朋友，一定不会对课堂上一个"打碎花瓶"的角色扮演体验式活动感到陌生。我们家上演过同样的情景。

有天傍晚，我正在厨房做饭，听见"砰"的一声，是物品摔碎的声音。很快，听见伟博叫我："妈妈，妈妈！不好啦！小树把小王子的餐盘打碎了！"我在厨房里对外头喊："看看小树有没有伤到？"听见小树说："我没有伤到。"伟博也重复："小树没有伤到。"

我快速关了炉子，出来后我问了他们第二句话："刚才发生什么事情啦？"小树给我描述他是如何要拿里面的蓝色保温瓶，而胳膊就把一个餐盘碰倒在地上的。（感到安全了，孩子们便能诚实地说）

第五章 "我是有勇气的！"
父母如何帮助孩子培养勇气，不惧人生的挑战

"这些碎片，我们接下来要怎么处理呢？"这是我问的第三句话。"用扫把扫！"小树回答道，他赶紧去拿了扫把，认认真真把地全部扫干净并把垃圾倒进一个袋子里。

"谢谢小树，一个碎片都没有落下，全部扫好了。"我感谢小树的努力，这是对他的鼓励。

"下次要怎么做，餐盘可以不被打碎呢？"我问的第四句话。"把它放到靠里面一点。"小树回答。在课堂上，角色扮演设计得比这个复杂，也通常引起家长们很多的思考与讨论。

如果孩子不小心犯了错，父母劈头盖脸骂过去："你怎么这么不小心啊……我早就告诉过你……""你一点都帮不上忙。"这样的表达完全无法给予孩子情绪安全。如果下次再不小心犯了错，他可能因为担心被父母骂而去掩盖错误，或是通过撒谎来避免承担责任。如果在有错误行为时，父母无休止地说教，孩子可能会对这样的说教产生免疫，家长再怎么说，孩子都像没听见一样。这样的"耳聋现象"最后会发展到针对所有对他讲道理的人。鲁道夫·德雷克斯把这叫作"妈妈的聋子"。

用行动代替说话。如果真的想改变孩子的行为，尤其是已经对说教充耳不闻的孩子，家长需要用行动，而不是用语言。多子女的家庭里，当父母在和某个孩子互动时，那个旁观的孩子，也能从妈妈的态度里学习到处理问题的方式。伟博从一开始的"紧张"到后来"放松平静"地说了一句："可惜啊，我们又要去买一个新的餐盘了。"

后来有一次，小树和老师在线学画画，课程开始拿出画笔时，才发现需要的彩铅秃了。由于临时找不到卷笔刀，他只好去厨房拿水果刀削

铅笔。伟博就问小树："下一次上课，你打算如何准备得更好？"于是小树去用卷笔刀把所有铅笔都削好了！

这就是孩子在家庭里习得的对应错误的方式。爱因斯坦有一句名言：A person who never made a mistake never tried anything new。一个从不犯错误的人，是因为他不曾尝试新鲜事物。我们每个人都会犯错，重要的是，如何从错误中学习。若我们不断地关注错误则会让孩子泄气。孩子的成长基于优势，而非缺点。孩子只有在感到安全的情况下，才敢于冒险，问问题，犯错误，学会信任，并分享他们的感受，从而得到成长。

孩子会犯错，父母也会犯错。有时候我们难免对孩子大动肝火，做出不尊重孩子的行为。孩子往往是最强的感受者，却是最差的诠释者。他们不知道父母发的火部分源自其自身的局限，他们很容易将所有的错都归咎在自己身上，而且还会加一些诠释——爸爸妈妈不爱我了。那么对孩子发火后，我们如何快速修复和孩子的关系，降低甚至杜绝对孩子造成的伤害，保持良好的亲子关系呢？

首先你要跟自己和解，反思自己当时的情绪状态，了解管教失控的原因是什么。重新整理思绪然后思考，自己想要什么，以及可能的解决办法。安定自己的情绪，比如你意识到自己将要情绪爆发时，先离开现场冷静一下，或者喝杯水，做几个深呼吸，给自己缓冲的时间。

和孩子和好的五个步骤：

第一步：向孩子坦诚你的错误。家长不妨蹲下来，跟孩子解释刚才自己为什么发脾气。

第二步：让孩子知道你学到的经验以及在这件事情里需要承担的责任。当请求孩子原谅的时候，不妨跟孩子说明你这次反思学到的经验。

比如：妈妈再怎么生气、伤心，也不应该那样说话。

第三步：简洁而真诚地向孩子道歉。

第四步：一起讨论解决方法，确定下次遇到类似的情况的应对方案。这可以帮助孩子从关注错误转到关注解决办法，发展出成长型思维。

第五步：及时对自己或孩子做出的努力表达鼓励。

有一天早上，出门上学时哥哥到了校车站，发现自己忘了拿水杯，于是让我回家给他拿。但是校车到了时间就会发车，时间来不及。哥哥根本想不到这一点，一个劲儿催我快回去拿水杯，也不肯上校车。校车司机和校车阿姨在一旁等着，眼看校车发车时间就要到了，我特别着急，大声催他快点上车。

放学后，傍晚散步的时候，我们一起讨论早上的经历。

妈妈："今天早上我不应该冲你大声吼，跟你道歉，你能原谅我吗？"

哥哥："可以！"

妈妈："当你发现水杯没带让我回去给你拿的时候，你希望我可以怎么说，你的感觉会好一些，有可能先坐校车走？"（妈妈也反思自己的错误）

哥哥："你不要那么着急……"

妈妈："嗯！这也正是我学到的。下次再遇到类似事情，我不会用着急的语气催你赶快上车，而是一起想更多的解决办法。"（这件事情也让我学习到，早上那会儿我自己太着急和焦虑，其实没坐上校车也没什么大不了，还有其他的方式去学校）

妈妈："从我们早上的经历里，你学到了什么呢？"

哥哥："我学到了要提前把书包整理好。"

妈妈："还有吗？"（问"还有吗？"可以启发孩子更多的思考）

哥哥："还有就是，早一点出门，这样东西落下了可以有时间回来拿。"

此后每次哥哥前一晚提前整理好书包，我都会及时肯定他。类似早上忘记东西的事情就很少发生了。

我很钦佩的阿德勒心理学大师是 Betty Lou Bettner（贝蒂卢·贝特纳）博士，我在阿德勒夏季学院上过她的课，她说："每天都会遇到问题，每天都会犯错误，这就是生活。重要的是自己去解决问题，并把解决问题的技能教给别人，为别人做贡献。只有遇到错误，并修复错误后，才不会重蹈覆辙。"

在 2022 年卡塔尔世界杯的赛场上，37 岁的克罗地亚队队长莫德里奇鼓励他的门将克瓦科维奇："你怎么就不能犯错？所有人都会犯错。谁能不犯错呢？我走到今天，靠得可不是惧怕错误，它只会让事情越变越糟……听着，你是一位优秀的守门员，你很清楚，是吧？"

桑德伯格在 MIT 毕业演讲上说："让我受益最多的时候，也正是最艰难的时候，那也是你对自己了解最多的时候。你几乎可以感觉到自己在成长，感觉到成长的痛苦。当你犯了错，你可以更加努力地去纠正错误，甚至更加努力地去防止以后的错误。"

我时常也会感慨，要不是曾经犯过的"错误"，我何以有这一箩筐的收获呢？我的成长，正是源于错误。平静的大海永远不可能造就伟大的水手。生命中的暴风骤雨，都是礼物。

"将错误视作学习机会"这样的积极态度，让孩子不再惧怕犯错，而把能量用于自我成长，有勇气面对困难，不惧人生的挑战。父母对孩子的爱，是为了分离，让孩子过好自己的生活。如果想转变为注重长期效果的养育方式，父母们首先要转变对"犯错误"的认识。犯错误时，可以是"It's OK."而不是"No！"

第六章

与孩子共同成长

——父母的自我觉醒与成长，
也是教育孩子一部分

父母的养育方式深受自身过去的影响，这也是不少父母觉得"做父母很难"的原因之一。无论孩子的年龄多大，他都会以行动来提醒你，你在他这个年纪时所经历的情绪。在和孩子互动的过程中，我们很容易被孩子的行为勾起自己儿时的负面记忆，这是我们的局限性。**没有人是完美的，每一对父母都会有自己的局限性。只有不断地接受自己的局限性，然后向内探索让自己成长，才能松动自己早就僵化的认知，看待孩子的眼光也从此不同。每一次更新自己的信念，对于自己和孩子的接纳度又会提升一些。**

同时，当我们想要去把爱传递给身边的人的时候，当我们想要向孩子表达爱的时候，首先我们自己要拥有足够的爱。只有当你自己**内在丰盈**，你身边的这个小世界，才会轻松、愉悦、和谐。你跟自己的关系是和谐的，你的内心是一种安宁、笃定的感觉，是有力量的，同时也是柔软的。因为内在足够安定，便不需要从外界寻求认同，更不需要跟孩子争论来证明自己是对的，对方是错的。

拥有这样的状态，你就不会对周围的人有过多的要求。过多的要求往往产生很多的"应该"，你应该先刷牙再吃饭，或是你应该先吃饭再刷牙，有些父母就因为这些"应该"和"要求"和孩子产生了很多的争斗。而父母越是要求，与孩子的关系就越紧张。对自我不满意的父母，还会把孩子的成绩不好归结为自己的失败，这种挫败感引发的愤怒又会影响孩子，给他们带来情绪上的压力。

所以生活中的各种关系中，首要是和自己的关系。当你自我和谐的时候，就会处于一种放松的状态，你周围的各种关系也会放松。在这种状态下，你能建立对孩子的影响力，孩子也能安全地发展自己。我们对孩子不是管控，而是影响。你对孩子的影响力可以帮助他去做更多正确的事情。

所以养育的过程，是和孩子共同成长的过程。

6.1 来自过去的影响

我们知道了横向关系是养育的基础，我们也知道要尊重孩子是独立的个体，可是，当我们在家里处理紧急工作时，小孩子在屋里闹，还时不时过来问这问那，我们一急，往往最直接的反应就是："你安静点行不行？你到一边去！别来烦我！"在孩子一而再再而三地凑过来的时候，有些家长甚至会动手。

一位家长学员分享道：

有一天我在和面，把这些面发好之后要赶去公司，两岁半的儿子过来要求帮忙，我没有理会他。他继续凑过来，我说："这里没有你可以帮忙的事，你到一边去玩。"他不依不饶，拉起我的衣服。我急着要把面和好，吼了他，他哭了，然后爸爸过来把他抱走了。我明明知道我可以停下来回应他一下，但我就是没有停下来。

父母之所以会这么做的原因如下：

其一，人们对横向关系的认知和体验还不够彻底。大部分父母都在沿袭上辈人的做法，他们无意识地认可了一个前提，那就是孩子是我的，我对他有支配权，有控制权，他不听话的时候我是可以随意教训、呵斥他的。他们不知道跟孩子之间的权力边界在哪儿。这样做的后果就是，有一天当孩子的自我意识觉醒之后，孩子就会顶嘴，会叛逆，也有可能有些孩子会变得自卑而胆小。

其二，我们的养育方式里不可避免地会带着过往经历的烙印。美国著名心理学家丹尼尔·西格尔博士认为，我们以往的经历影响着我们教育孩子的方式。未妥善处理的过去也许会埋下隐患，影响我们与孩子的关系。这些隐患带来的问题很容易引发我们与孩子的矛盾。而当矛盾发生时，这种不恰当的心理会削弱我们理智思考和适时反应的能力。

这位家长学员明明知道可以停下来回应孩子，可就是没有停下来。回到第一章里小C要吃意面的故事，妈妈想也没想就拒绝小C："意面是明天吃的，今天的饭菜我已经准备好了！"小C的妈妈会做出这样的反应，和她本身的信念有关。不仅仅是这一次，小C妈妈回忆起来，很多时候当小C提出要买东西的时候自己也是本能地想要拒绝。妈妈并不想这样和孩子发生冲突，但同样的事情却反复发生。她经常是在孩子提出要买东西的时候不假思索地拒绝孩子，事后又会自责不已。

在我们的鼓励咨询个人成长小组课堂上，小C的妈妈想起了小时候一件有挫败感的经历。大概是小学二年级的时候，当时流行一种紧身裤，她想让妈妈给她买，但可能是太贵了，妈妈一直没有给她买。直到她发了一顿脾气后妈妈才给她买了一条，还是相对来说价格最便宜的那种。在她的信念里，向父母要东西是很难的。当孩子向她提出买东西的要求时，这个场景又会把她带回幼时的情绪模式，这让小C妈妈在潜意识里认为孩子也应该受到同等的待遇。

不愉快的经历和由此产生的信念，是如今她无法痛痛快快答应孩子的主要原因。我们的信念和我们的行动是一致的。如果我们不反思自己是如何成长的，不去觉察上一辈人在我们身上留下的影响，我们可能会有一些自己都意识不到的本能反应和一些过于激动的情绪。这些本能反应和过激的情绪会阻碍我们和孩子建立良好的亲子关系，也会导致更多的育儿挑战。我们要明白，有时候我们很生气，并不是孩子让我们生气，

第六章　与孩子共同成长

父母的自我觉醒与成长，也是教育孩子一部分

而是过往的记忆唤醒了深藏在我们心底的感受。

承认及确认我们自己和孩子的感受很重要，这事关我们和孩子的心理健康。感受是我们的指南针。每当有负面情绪出现时，不妨问问自己的信念是什么，我感到愤怒，是因为……我感到失望，是因为……做父母要有觉知，才能避免无意中伤害了孩子。当我们明白这一点，就可以对自己温柔一些，在了解孩子之前，先了解自己。只有先接纳自己，才能更好地接纳孩子。

在正面管教创始人简·尼尔森（Jane Nelsen）博士来中国期间，在她带领的一次大师班上，我很有幸参与了唯一一个由她引导的童年回忆个案。简让我分享一个自己现实生活中的挑战。我的挑战是"我在被批评或指责时，会特别愤怒。我尽量避免被批评和指责带来的感受，于是我对自己很苛刻，对孩子也是高要求"。

她引导我回忆童年的画面。我想起一件事情，当时我还不到六岁，读小学一年级。那一天老师布置了很多作业，我写到很晚也没写完，我便请父母帮忙。妈妈说："我只会写拼音，不会写汉字。请你爸爸帮你写汉字。"父亲冲我吼："自己的作业，自己完成。"我一边哭，一边写作业。爸爸还说："你还哭！不许哭！"我很想哭，但压抑着自己，不断抽泣。（这个回忆揭示着我们现在的私人逻辑和我们是如何用着一套过时的信念系统处理目前的情形）

在童年的那个时刻，我体会到当时刚入小学时的孤单，遇到很严厉的老师时的害怕，被爸爸怒吼而感到的害怕和恐惧，于是眼泪止不住地流了下来。在那个夜晚，我感到很无助，甚至绝望。

当被问及有没有发现这个记忆中的内在孩童和现在问题的联系时，我看到了自己面对被批评时的体验，想要避免绝望和无助的感觉。

"如果能改编记忆，你会做什么？"简继续引导我。

"父亲可以问我作业还剩下多少，不那么大声吼我，对我说，你能写多少就写多少。如果父亲愿意帮我写，我就更开心了。"我说。

"如果这是你的真实记忆，在这个时刻，你会做出什么样的决定？你的感受又如何？"

"我会感到被爱，不管别人说什么，我都会很自信，我也不担心害怕。"

"以后，如果有人批评你时，你可以把你的'我感到绝望'的感受放到左手，把'不管别人说什么，我都是自信的被爱的'放到右手，你更喜欢哪一个？"

当时，一股暖流经过全身。原来，我是可以选择的！可以有选择的时候，我是多么的有力量。

阿德勒说："研究一个人时，我一定会探问其最早的记忆。"早期记忆是个体所能回想起来的，独一无二的，包含感觉和情绪的铭印。我们的困境大都源自用童年所建构的生命风格来面对现在的生活，但是自己却毫无察觉。通过解释早期回忆来解构和重构生命风格，将潜意识中的影像带到意识中，生命有了新的选择和可能性。早期记忆不是随机进入脑海中的记忆，而是自主选择的记忆事件，它发生在过去，却关乎现在和未来。你只会留住那些符合自己个人逻辑的记忆！通过解析特定的早期记忆，你可以更多地了解你的思想、感受和行为模式源自何处，而且你可以精确地发现自己需要做出何种努力。通过解析童年记忆，我们知晓过去如何影响我们的现状，继而重塑信念，改变人生。

研究早期记忆是一门非常深入的学问，了解自己也是一个极其复杂的过程。如果你想要真正深入自己的内在，不妨去寻找、参加适合的工作坊活动来帮助自己。一门好的课程可以让你有机会通过团体活动去觉察自己与他人互动的方式，了解自我人格的形成以及自己面对人生的态度。

6.2 觉察，是改变的开始

在和孩子互动的过程中，如果你有愤怒、厌恶、沮丧、恐惧等负面情绪产生，恭喜你，这是你了解自己的好时机。这些负面情绪是一个线索，它们提醒你，你的记忆阀门被打开了，而不是孩子做错了什么。

当你对一个九岁的孩子发飙，责备他："怎么这么不懂事，非要这么晚去买东西，没看见妈妈都辛苦工作了一天了吗？"这不是孩子多么难缠，而是孩子的行为可能触发了你过往的感受。有可能，在你九岁的时候，因为"不懂事"付出过代价，所以你用这样的方式来保护自己，以免你重拾当时所经历的感受。你在不知不觉中进入了自动反应模式，才导致你冲孩子大吼大叫。

所以不要去排斥或厌恶这些情绪，而要带着好奇心去探索。这些感受就是你的指南针。只要你感觉到愤怒、痛苦、难受，那你可能就是受到了念头的干扰。这些念头，便是你在童年时期所构建的信念。而当你感受到感恩、愉悦、平静时，你才是与自己的内心同在的。

你可以问自己几个问题：

"我在什么情境下，最容易被孩子勾起愤怒的情绪？"

"到底是什么让我这么激动？是无力感、受挫还是不公平？"

"这段时间有没有什么事给我压力？"

探索童年时期所构建的信念，是深入了解自己的一种方式。请你准备一张纸，一支笔，找一个安静的不受打扰的空间，写下你对这些问题的答案。

几个关于觉察的问题：

- 小时候印象最深刻的事件是什么？
- 幼年的时候，父母亲是如何相处的？
- 父亲（母亲）最疼谁？
- 手足之间最深刻的事是什么？
- 父母对你的管教方法是什么？
- 你的家庭最重视的是什么？

从这些问题的答案里便可以发现一个人面对亲子关系压力时的心理反应模式。

对于"小时候印象最深刻的事件"，一位女士的故事是这样的：

小时候的一个暑假，爸爸、妈妈、哥哥、姐姐和我，一起去公园玩。我们在公园玩了半天，到了正午，太阳很晒，我又饿又渴，但是爸爸妈妈和哥哥姐姐走在前面，有说有笑，他们没有一个人注意到我。

"没有人在乎我，没有人注意到我……"，这是她在幼年形成的认知，也成为她的人生剧本。在她已经35岁的某一天，她给姐姐打电话，姐姐接过电话留下一句："我现在很忙，没空听你说。"然后挂了电话。她整个人就不好了，陷入受忽视的情绪里，很痛苦，很难受。她的行为表现也和小时候一样，她不去表达，而是陷入抑郁的情绪里面。这种情绪一方面让她无法做一个快乐的母亲，另一方面，在和先生的互动里，她因为特别在意这一点，也时有争执。她也觉察到她无法放下手头的工作全身心地陪伴孩子。她拼尽一切去努力工作，似乎要证明"我也是很优秀的，你们不能不在乎我，你们不能看不到我"。

现实生活中当她在工作的时候，孩子凑过来到她身边，或者是孩子有什么事情要她帮忙时，她会失去耐心表现得很烦躁。在童年时期所构建的信念里，还有一个无意识的信念是："孩子应该是不需要人照顾的。"这些信念会阻碍她对孩子的接纳，继而使她失去耐心。

对于"你的家庭最重视的是什么？"一位爸爸的故事是这样的：

小时候家里穷，买不起新衣服。但是不管衣服有多旧，妈妈一定要我们保持得干干净净的。就算打了补丁的衣服，也是干净和整洁的。有一次下雨，为了鞋子不被弄脏，我是脱了鞋子赤着脚回家的。

可以看得出来，"整洁、干净"是他很重视的一面。当他把"衣服就应该整洁、干净"这样的私人逻辑带到现实生活中，就很容易在孩子吃东西时表现得唠叨。"当心当心！别把汤洒了。""哎呀你注意一点，用手扶着碗。"有时候也会因为孩子把衣服弄得太脏而生气。

理解了童年记忆和我们当下的冲突有着某种程度的关联，我们就可以在遇到孩子做出我们不能接受的行为时，先和自己的内在对话，在内心提醒自己，这些情绪和我过往的经历有关，和眼前的孩子无关。当你明白这一点，你会更容易接纳自己，也不会因此连累孩子。先停一停，听孩子说话，必要时做几个深呼吸，呼吸可以作为我们的刹车。假如你有个冲动，很想要说出某句伤人的话，给自己一个刹车，这很重要。我们要训练自己一开始就不要"出口伤人"，而不是讲完后再来道歉。呼吸最好是吸得很饱，然后缓缓地吐出来。呼吸要够深，才能起到缓和的效果。必要时可以做5次，甚至10次深呼吸。

另外一个练习是和自己的内在产生联结。塑造我们性格的，并不是发生在我们生活中的事情，而是我们对于那些事件和环境所做出的有意识和无意识的决定，其中很多重要决定是在五岁之前的童年阶段做出的。所以回到童年，了解自己儿时的决定是如何影响我们成年后的生活的，可以有助于我们了解自己的局限性。

在《做你自己的心理治疗师》(【美】琳·洛特、芭芭拉·曼登霍尔著)这本书里，有一个觉察活动，帮助你了解过去如何影响你的现在，具体内容如下：

（1）回想你孩童时期感到担忧、害怕、生气、伤心或绝望的一个时刻，在你的笔记本或电脑上写下当时发生的事情和你当时的年龄。

（2）你认为自己在当时可能做了什么决定？将其写下来。那个孩子是如何尝试解决那个问题的？

（3）现在，回忆最近一次你有过像刚才记忆中儿时同样感受的时刻，将其写下来。

（4）你当时做了什么决定？写下来。

（5）你是使用了与小时候同样的解决办法，还是更新了自己的解决办法呢？

（6）写下你对自己的认识。如果你依然在用自己小时候解决问题的方法，也没有关系，觉察就是改变的开始。

我们很难摆脱童年经历带来的影响，然而，当我们觉察到自己是如何自我对话之后，我们就会有更多的选择，并决定自己用哪种方式来倾听内在的声音。了解到小时候做的决定对现在的深远影响，通过和自己的内在联结，我们就会放松下来，学会调整养育方式，而不是把气撒在孩子身上。

> **觉察练习：**
>
> 看到孩子的哪些行为，会容易让我生气？
>
> 生气的当下，我的内在思考是什么？
>
> 我最重视的信念是什么？
>
> 假如是"守时"，关于"守时"有什么样的童年故事？比如说：没有按时回家会引发家长的担心责骂等。
>
> 现在看到孩子"不守时"的行为，我是否会不自觉地出现童年时的反应？

6.3 接纳自己的不完美

对自己的理解和接纳能够帮助我们更好地理解和接纳孩子，我们不会做出惯性的举动，而是给了孩子更大的心理空间。勇气来自你觉察到你是谁，并接纳你自己。要知道，你已经足够好了。

当今社会，随着父母们对家庭教育的重视，极端的观点也在不断产生。有些观点认为若父母的言行稍有差错，便是父母在伤害孩子。还有一些观点认为没有有问题的孩子，只有有问题的父母。这些言论，只会让父母们更加焦虑。我们不是圣人，都可能会犯错。就算是圣人，也会生气，也会有过失。孔子的弟子宰予有一日白天没去上课，而是躺在家中睡大觉，孔子大为生气，骂他："朽木不可雕也，粪土之墙不可圬也。"恐怕孔子都不会想到，"朽木不可雕也"变成了日后教师们用来训斥学生的一句口头禅。

还有些妈妈会学习很多的课程，但越学就越容易发现自己的不好。尤其在学到了一些方法，可是自己做不到的时候，很容易产生心理内耗。自我攻击还不够，还要攻击另一半，把另一半说得一无是处。爸爸沮丧，妈妈自己更无力，这是一个恶性循环。为什么要事事尽善尽美呢？谁在要求你？谁在评判你？在你还是孩童的时候你没有能力去承受外界的批评，可是你现在是成年人了，你可以有自己的选择。

我们每个人都受到过去的影响，我们的身体里携带着原生家庭的基因，这是我们永远没办法去掉的一部分，是我们身体里最早的一部分心智。和我们的父母一样，我们也是有局限的。所以很重要的一点，是接纳自己的不完美。接纳自己才是真正地爱自己。

接纳那个阳光、自信、强大的自己，也接纳那个敏感、胆小、害羞的自己。我们不是完美的，但可以是完整的。只有我们全然接纳自己，才能更好地接纳孩子。我们全然接纳自己，也示范给孩子看如何接纳自己。当然，如果你暂时还做不到，也没有关系，接纳那个还不能够接纳自己的自己。无条件地爱自己，给自己点赞。这样的内在状况能给到孩子安全感。

我们一定要接受一项事实：想影响别人继而改变他的行为，最直接而有效的工具就是我们自己的行为。卡尔·罗杰斯说："一个有趣的悖论是，当我完全接纳自己时，我才能够开始改变。"只要我们确认自己的目的不是要去改变他人，就表示我们已准备好接受自己，也能够接受他人了。接纳自己是个人成长（成熟）的标志，也可以改善并增进所有的人际关系。

不少女性朋友在做了母亲之后，要应对孩子、家务和自己的工作和学习，分身乏术。再遇到不太好管的孩子，不给力的另一半，时不时就会陷入坏心情当中。受坏心情影响，她们更加容易对孩子发脾气，过后又内疚自责，认定自己"不够好"。这就形成了一个难以逃离的负面循环。

第六章　与孩子共同成长

父母的自我觉醒与成长，也是教育孩子一部分

人为什么会生活在痛苦中？这是因为我们有一些认定的信念和想法，也有一些对于自己的高期待。我们应该怎么样，不应该怎么样。比如说，"一个人要出人头地才有价值""我要做一个好母亲不让孩子受苦"。当我们认定一个"信念"，头脑中就会出现一个"内在的父母"。当事情做不到的时候，你仿佛就看到父母失望的眼神，那些头脑中评判的声音就冒出来了，因而感到痛苦。要是做到了，仿佛看到父母欣慰的表情，让你感到开心。

我们所认同的这些价值观，并不代表我们一定能做到，事情也并不是都掌握在我们手中。比如说，"我要做一个好母亲不让孩子受苦"，可是孩子是一个独立的个体，他的成长受很多方面的影响，如果孩子没有养好或者经常生病，就觉得自己不是一个好母亲，这就会让人总是处于痛苦之中。这时候，我们可以去听听自己内在的声音，了解这个信念来自哪里，去改变自己想法。你可能会发现，通过调整自己的信念就可以带来很大的改变。

每个人都会面对各种各样的压力源（stressor），这是外在的。而你有多少压力（stress），取决于你怎么解读、看待（perception）你的压力源，这是内在的。你越抗拒，越不想要，压力越大。我的正念导师陈德中老师说："真正的减压是去面对它、接受它、处理它、放下它。"

要想情绪变得更平和，就要减少对自己的批评，增加对自己的鼓励。看到那些自己已经做得好的部分，你可以犒劳自己。本章节有个作业，每次发完脾气，你必须好好犒劳自己。发脾气就是身体在提醒你，不开心了，需要被好好对待。吃点好吃的，给自己买点小礼物，也犒劳孩子，请他吃个冰淇淋表达歉意，看看效果如何。

我们常说，先照顾好自己，再照顾好他人。如何才是真正照顾好自己？我认为，不要对自己有太多的批评，接纳自己的不完美，便是照顾

好自己。坦白承认"我不完美,我会动怒,我会骂孩子,甚至打孩子,我知道这样的方式对教育他没有用处"。再去尝试别的方法继续向前就是了。

苛责自己是非常内耗的一件事情。不要去苛责自己,永远要给自己一个重启的机会。做错了事情,允许自己可以重新开始,告诉自己:"我已经做到了当下能够做到的最好。"带着这样的心态,我们才会去接纳现状,接纳自己,走向未来。如果你总是觉得自己做得不好,觉得自己工作太忙没能照顾好孩子,你生命的进程中一直都在忏悔,这份苛责会让你无法很好地接纳自己,也不能接纳身边的其他关系。

我做得不够好,工作很忙,这些都是现状,接受就好了。我们还可能在遇到一些突发情况,例如家人生病等,在工作中也会面临各种困境。在这些情况下,我们先接受现状,不去抗拒,然后再想想,基于现在的情况,我能做些什么?

很多对自己苛责的人,对孩子和另一半也会有很多要求。就算没有口头上天天讲,你内心里的期待和要求,会让你在关系中有很多的阻碍和对抗。再加上很多人做了妈妈之后,会把注意力很多转移到孩子身上,自我的关系开始变得不和谐,变得紧张,对他人就有很多要求。本章提到的一些练习,我们不妨多去做做。只要不断地去练习,你就会发现,生命中其他的关系也会开始发生变化。第一个发生变化的就是夫妻关系,因为你没有那么多的要求。你放松了,另一半也会放松,你们之间会呈现愉悦而和谐的关系。

6.4 练习身心的安定

有一次我和先生因为一件事情起了争执，他对我说："你先别生气。"我回应："我哪儿有生气！"我的大脑是真的觉得我没有生气，殊不知我的语气，我的身体语言暴露了我已经处在愤怒的情绪中了。大脑会骗人，但是身体是最诚实的。我们的身体会对外在的刺激最先产生感受。比如，我见到愉快的事情发生，就会有开心的感觉。听到命令或批评，身体会紧缩，还有可能肠胃会有反应。

我们常常说身心愉悦，意思是身体舒服、心情放松、精神快乐。照顾好身体，心的部分才可以愉悦，身体通畅了，心情自然会变得更加通畅。

爱护自己的身体，是我们走向自我和谐的第一步。当你发现某一段时间跟孩子关系不好，不知道如何应对的时候，先去关照自己的身体，去做运动，或是练习瑜伽、跑步、快走等自己喜欢的运动方式。另外，正念冥想也是一种很好的寻找自我的途径，能够将我们自己带回到当下的角色当中。当我们能够对自己的身体和意识保持觉察的时候，内在就会更和谐和稳定。

有些父母在辅导孩子写作业时，由于孩子一直听不懂，或者一直出错，又或者磨磨蹭蹭没有写作业，就会情绪崩溃。网上有很多家长辅导孩子写作业，边辅导边打骂孩子的视频，隔着屏幕都能感受到家长们的愤怒和孩子们的痛苦。

其实真正惹怒家长的，都不是孩子的这些行为。就拿孩子"没有做作业"这件事来说，惹怒你的并不是孩子没有做作业的这个行为，而是你对这件事情的解读。如果你对他的解读是：他今天运动量不够，就是想玩一会儿。或是他昨天没有睡好，今天状态不好，所以会磨磨蹭蹭。你就容易接受现状，不太容易升起愤怒的情绪。

但是你为什么会生气呢？是因为看到他没做作业，你的大脑已经踏上了联想的列车。"你怎么老是不做作业？期末的成绩又考这么差！最近班主任又找我谈话，你总是在班级群里被点名，我这脸往哪里搁？""最近某某同事的孩子在班级前五，已经考上了一个好的初中。"想到这些，你就很焦虑。我们的念头，是影响情绪发展的另外一个因素。我们经常说"越想越气"，想是认知，气是情绪。当你处于这两者的循环当中，认知和情绪也在不断地在发生交互反应，就会不断地产生各种灾难性的想法，情绪的火苗也会越来越大。认知和情绪叠加起来就决定人的行为。

有一天家长课，有位爸爸迟到了。他到了之后和我讲了当天发生的故事。

早上，我照例叫孩子们起床，准备去上学。等孩子们洗漱完毕，吃完早餐，已临近出发时间。这时候孩子们还不紧不慢地收东西，我就比较着急，催促孩子要快一点："我先去车上等你们！"随后我有些生气地去院子里开车。

哥哥上车了，弟弟还在不紧不慢地换鞋。我这时候更生气了，冲弟弟喊道："我们先走啦！"紧接着，听见"砰！"的一声，车门撞坏了。哥哥上车以后，弟弟还没有上车，所以他没有关车门。而我太着急了，也很愤怒，没注意到车门没关就往后倒车，结果车门撞到院门撞歪了。

这还是一辆新车呢。

这位爸爸显然有些懊恼自己的做法。类似因为情绪失控带来损失的

第六章 与孩子共同成长

父母的自我觉醒与成长，也是教育孩子一部分

事情不胜枚举。小事件是家里战争不断，大事件则会涉及财产或生命的损失。新闻里曾报道过的重庆万州的公交车坠江事件，也是因为司机和乘客没有控制好情绪而激烈争执互殴，最终导致车辆失控，坠入江中，车上所有人员全部遇难，造成了不可挽回的损失。

我笑着问这位爸爸："你从早上的经历里学到了什么呢？"他说："是情绪没有管理好。事后想想，小孩子晚一点上学也不是多大的事情。我当时一方面是因为前一晚没有休息好，精神状态不好。另一方面，是头脑里的各种念头让自己越来越陷入情绪里。"爸爸上过我们的家长课，对于人类的信念—感觉—行为系统还是颇有了解，他也会用我们在第一章提到的那张"冰山图"来"看见"自己，行为背后的感受和想法是什么。

他一开始只是着急，没有留意或者接纳身体和感觉，随后他的大脑开始搭上联想的列车，各种念头产生。"孩子怎么那么磨蹭？""这都多大了，还学不会自我管理，以后怎么办？""再不出门路上就堵车，不仅上学迟到，我上班也要迟到。""我真是个差劲的家长，孩子教育得不好。"各种各样的念头瞬间产生，情绪也在那一刻如翻江倒海般涌动。当情绪刹不住车的时候，就会产生一些非理性的行为。

亲子沟通的效能可以通过知识的获得和刻意训练而增进，但是知识和技能能否产生效用，取决于这个人的情绪稳定度。当一个人不受情绪困扰时，是理性的，智慧的。而情绪失控的时候，学过再多的知识都用不上了，情绪的发作总是快于理性思考。正如钱钟书先生说："那些花了好久才想明白的事情，总是会被偶尔的情绪失控全部推翻。"

曾端真教授在《教出有勇气与行动力的孩子》这本书里提到一个帮助父母检视自己的情绪是否经常处于烦躁、生气、焦虑或抑郁状态的指标，是"二低二高"：对孩子的耐性很低，指责孩子的频率很高；对孩子的接纳度很低，对孩子的要求很高。如果你是这样的家长，你就需要更多的自我觉察和调整了。

如何管理情绪，保持情绪的稳定呢？

管理情绪的前提是你能觉察到情绪。情绪就像一个拉着妈妈的衣角喊妈妈的小孩，你不去留意和回应，这个孩子就喊得更大声。情绪也像一簇火苗，火苗很小的时候不易发现，但是容易扑灭。而火苗很大的时候容易发现，却不易扑灭。练习对情绪的觉察能力很重要。那么，怎么觉察情绪呢？

觉察别人的情绪很简单，你从对方的表情就能看得出来。我们常有一些描述情绪的词语，"面红耳赤""脸红脖子粗""怒发冲冠""青筋暴起"等，但是觉察自己的情绪就没有那么容易。

如何在情绪火苗还小的时候感知到自己身体的变化呢？不妨多练习正念"身体扫描"。掌握这个技能，就好比给身体安装了一个探测器。

觉察到情绪之后，第二步，是接纳这个情绪。我们惯常的做法是一有不舒服的感觉，就很厌恶，想要赶快甩掉它。而真正有效锻炼自己情绪的方法是"反其道而行之"，不仅不厌恶，反而去接纳、拥抱这个情绪。对这个情绪说："我看见你了，来吧，欢迎！"

你可以想象一下你跳脱出了这个场景，作为一个旁观者，如实、中正地从他人的视角来观察你的感觉。此时此刻，你发生了什么？在经历什么？有什么样的感觉？作为旁观者你看到了自己。"她现在胸口一阵阵发闷。""她的肠胃有一种收缩的感觉。"当我们作为观察者不带评判地去观察自己的感觉的时候，就不会陷入情绪的泥潭里无法自拔，也会给前额叶一个很好的机会和空间让自己平复下来。

在第一章我们提到了通过脑神经科学来理解孩子。在这里我们来看看大脑结构对父母情绪的影响。杏仁核是大脑里最古老、最原始的边缘

第六章　与孩子共同成长

父母的自我觉醒与成长，也是教育孩子一部分

系统，是大脑负责"情绪"的中心。这情绪是遇到刺激时最基本、最本能的反应。一只小动物受到攻击，要么奋起战斗，要么逃跑，这是动物的本能反应，我们人类的大脑也存在这个构造。但是人类是万物之灵，人类在演化的过程中，产生了一个新脑，叫前额叶皮层。很多动物是没有前额叶的。前额叶负责理智的部分，使人类能够理智、决策、执行功能，会通盘思考，而不是像动物那样冲动。

当人类遇到外在的刺激，首先出来掌控大脑的是杏仁核，后来掌控大脑的是前额叶。这也是为什么很多父母在和孩子剑拔弩张的那一刻，根本无法运用所学的育儿知识作出深思熟虑后的理性反应，而是做出下意识的本能反应。可能表现为大吼大叫，或是极端的愤怒行为，有些伤害人的话自然也会脱口而出。

《EQ》作者，哈佛大学心理学博士丹尼尔·戈尔曼（Daniel Goleman）在多年研究后，提出了"杏仁核劫持"的概念。一个人的情绪跌宕起伏与大脑的情绪中枢"杏仁核"有关。戈尔曼指出，位于大脑底部的"杏仁核"，是侦测外界威胁的雷达，负责掌管焦虑、惊吓、恐惧等负面情绪。当现实生活中出现引发强烈负面情绪的状况时，整个大脑，特别是负责理智判断和控制冲动的"大脑前额叶"，便会停止工作完全交由杏仁核发号施令。杏仁核会快速唤起过去负面的情绪记忆，并依照惯性模式做出反应，这种状况被称为"杏仁核劫持"。

糟糕的是，杏仁核经常会犯错。杏仁核只能从脑中的单神经元接收眼睛看到和耳朵听到的片段讯息，一经收到，杏仁核便要迅速作出反应。大脑被杏仁核劫持的当下，通常无法创新或弹性地思考并做出正确的判断，很多时候甚至还会做出让人后悔的决定和讲出难听的话。有些话是有毒的，比如"后悔把你生下来！""要不是因为你，我早就和你爸爸离婚了！""你还是不是个人？！"说这些话不是父母的本意，但他

们却在杏仁核被劫持的当下脱口而出。

既然杏仁核先跑出来，那有没有什么办法让我们不会做出暴力的举动和讲出难听的话呢？维克多·弗兰克说："在外在的刺激和回应之间，存有一道空间。在那片空间里，我们有能力选择自己的回应。在选择回应的过程中，我们获得成长和自由。"你可以选择自己的回应，前提是你要把这个空间拉出来。

丹尼尔·戈尔曼提出的情绪管理的四个步骤，可以将这个空间拉出来。

S：Stop 先停一下。

T：Take a breath 体验呼吸。

O：Observe 观察感受（客观、如实、第三人）。

P：Proceed 面对与解决问题。

每个人都会遇到各式各样的外在压力源。当你能够客观、如实地观察你的感受，感受就仅仅只是身体的一个感受，不会造成认知和情绪的翻涌。而且这么做也给了前额叶一个很好的空间去接管，当理性恢复的时候，更多的智慧就会升起。

当理性恢复的时候，你会思考，是羞辱孩子重要，还是孩子的教育更重要？是争个对错重要，还是亲子关系重要？这时候就是前额叶在工作，不再是原始的动物脑在控制你。你会通盘思考，用理智来做决策。你不会把时间花在情绪的宣泄上，而是在问题的解决上。

当爸爸妈妈能够保持身心的安定，管理好自己情绪的时候，会给孩子带来很大的力量。我常常收到一些孩子的反馈，有一个孩子见到我的时候很高兴地跟我讲："VK 老师，我妈妈变得温柔了，妈妈变好了，妈

第六章　与孩子共同成长
父母的自我觉醒与成长，也是教育孩子一部分

妈变得不那么爱发脾气了。"有一个孩子问他妈妈："那位教你的VK老师她明天还来吗？"孩子发现妈妈变好了，希望老师还来。对孩子来说，最棒的礼物是一个幸福快乐的妈妈，因为这样的妈妈像一个容器，能承接孩子的各种情绪。孩子因为感到更安全，更放松，也能把力量用来发展自己。

所以我们要通过运动和正念冥想的方式来提升自己的意识，增强对自己身体和情绪的意识觉察。身心的安定通过练习都可以做到，只不过任何事情都不能一蹴而就，成功实现改变需要时间、练习、合理的预期以及对自己的信心。这些改变不会在一夜之间实现，但是这些努力是非常值得的。

练习：呼吸观察。呼吸观察作为一种基本的正念练习方法，值得初次练习正念冥想的朋友尝试。

找到一个安全并且相对安静不受打扰的空间，你可以坐在椅子上，也可以盘腿坐在垫子上，把腰杆挺直，让自己臀部坐在垫子前部三分之二的位置，后背自然的直立，稍微远离椅背。双脚不交叉地放在地板上，双手自然垂落在大腿上，眼睛微闭或睁开都行，按照你的习惯。做三个深呼吸，吸气时舒展全身，呼气时将压力呼出体外，让全身肌肉都放松下来。然后全程以自己的节奏，保持自然的呼吸。

把注意力放在鼻孔前沿，来留意气息的进出。呼吸是我们最好的朋友，我们要做的就是去观察它，去体验它，和我们的呼吸在一起。当气息进来的时候你清楚地知道，它现在正在进来。当它出去的时候你也清楚地知道，它现在正在出去。它暂时停顿的时候你也知道，它正在暂停。总之就是保持对气息的觉察。

每当注意力出现分散走神时，比如想起过去的回忆，或是未来的计划，这都是非常正常的，你只需要温柔地将注意力拉回到当下，不要自

责，也不要气馁。我们开始练习时不要期待立刻就能心如止水，我们要做的是发展觉察的能力。觉察到了，当下再回到呼吸上就好。你可以在繁忙的一天中拥出一段时间来做这个对自己身心健康有帮助的练习，还可以在等车或等朋友的碎片时间里来观察呼吸。

6.5 照顾好自己

想象你的生活中经历这么一天：早上去公司的路上遇到严重交通拥堵以至于上班迟到，找不到停车位把车停到路边被警察贴条，谈好的客户突然告知不签约了，老师打来电话说孩子发烧了要你接回家，回到家发现你养的猫把新买的真皮沙发都抓烂了……如果你的一天是这样的，当孩子做了让你很恼火的事情时，你会如何回应他？你还能把父母这份工作做好吗？

相信很多人都听说过斯蒂芬·科维博士的"大石头理论"。如果你拿一个装满石头的瓶子，把这些石头倒出来，有大大小小各种石头。你先把细碎的小石头装回去，再装入中等的鹅卵石，最后再试图把大石头放回去，会发生什么？大石头放不进去了！而当我们先把大石块装入瓶子中，这时候瓶子里的缝隙里可以装入鹅卵石，当我们把鹅卵石也塞满了，瓶子还没有满，我们还可以倒细碎的小石子，直到小石子也灌满了，瓶子依然可以接水。

这就是"要事第一"的精髓。当我们先放入"大石头"，竟然还可以再放入那么多的东西。照顾好自己，就是那颗大石头。

在和孩子共同成长的过程中，冲突和矛盾是会一直存在的，如何回

第六章 与孩子共同成长

父母的自我觉醒与成长，也是教育孩子一部分

应这些冲突和矛盾，决定了我们和孩子之间的关系。不少父母坦言，自己在很累很忙的时候容易冲孩子发火，会控制不住地大声骂孩子，而心情比较好的时候，会比较有耐心地处理孩子带来的挑战。父母的养育技能可以通过看书或工作坊的学习来获得，通过练习来增进，然而，当被情绪牵扯时，理智脑不工作，所有的技能都失去作用。当发过脾气，冷静下来之后，理智脑恢复工作，可能对自己曾经的言行感到懊悔和自责。所以，对于成年人来说，我们如何安顿好自己的身心，非常重要。

前文我们也提到，父母作为榜样的力量不容小觑。而父母照顾好自己，也是在给孩子示范，如何照顾好自己，让自己快乐。尤其是母亲，母亲跟孩子的关系是最贴近的，如果一个母亲过得不快乐，这个孩子很难会快乐。孩子需要榜样，他们需要知道什么叫快乐。愿每个母亲都要好好爱自己，做孩子快乐的榜样。

如何照顾好自己？

对孩子来说，"我们是谁"比"我们做了什么"更为重要。我们可以给到孩子最好的礼物，就是当快乐的、休息充足且满足的父母。每一位父母不妨多问问自己："为了照顾好孩子，我该如何好好照顾自己呢？"成人也需要好的睡眠质量、营养丰富的食物、充足的运动，这是我们身体的需要。同时，每位父母也要有生活的目标、自己的节奏、内在的反思和成长，这是心灵的需要。要知道孩子模仿的，并不只是我们做的每件事，还有我们的生活方式。

让内在充盈，最好的方法就是去多做一些能够让你变得充实的活动。如果你想做一个好妈妈，请给自己留出一些时间，照顾好自己，尊重自己，你的孩子才能更好地尊重你！去看书、去跳舞、去买束花、去练习瑜伽、走进大自然……你总能找到适合自己的那一款。去做你喜欢做的事情，这样你的孩子也会更快乐，也能从你身上学到东西。

有一位妈妈找我咨询：

"今天早上，我忍不住对着八岁的儿子大发雷霆，整个上午，家里的气息都很紧张。晚上睡觉前，我又因为他慢腾腾不去洗澡而数落了他。我觉得自己太没用了，我知道这样不好，但还是忍不住一犯再犯，一次又一次不负责任地把情绪发泄到孩子身上。我很害怕长期这样下去，我会疯掉，会得抑郁症，孩子也会被我逼疯……

最让我头疼的是他总是偷偷看视频玩游戏。下午有一节两小时的网络课，他上课后我出门去办件事，我一回来他就跟我说，刚刚做题了，有五题不会做，其他做的全对，一副认真学习的模样。然后我查了一下后台记录，他真正进入教室听课的时间只有30分钟左右，其余网课时间全部是在后台运行，也就是他在用iPad看其他的东西。且不说，他还撒谎，直到我给他看了后台数据他才承认。

我平时不断学习各种育儿知识，生活重心都在孩子身上，可是，为什么孩子还是这样，为什么我还是控制不住自己的情绪？"

我们都知道，即使你已经为孩子奉献了相当多的时间和精力，育儿的路也不会永远是平坦顺畅的。有时候你会感到气馁，你会说："我已经尽力了，我与孩子不应该还有这么多问题才对啊！"但你要知道，成长并不是一条直线，而是螺旋式上升。你可以把成长的历程比喻为浪潮。我们向前移动，退回来一些，再向前移动，再退回来一些。如果我们没有意识到当我们向前移动时，我们是比之前更前进了一些，那么当偶尔退回来的时候，我们就会感到沮丧。

给自己一个合理的预期，就可避免陷入沮丧或气馁。不要期望孩子上网课全程不会偷偷玩游戏，不要期望孩子把床铺整理得井井有条，就算丢三落四，也不会妨碍你的孩子成为一个优秀的人。不要期待你做了你能够做到的，孩子就会符合你的期待。偶尔他还是会有小脾气，偶尔他还是会找事情试试你的反应。车顶上会落下樱花瓣，也会落下鸟屎；天空中有白云，也会有乌云，这是自然界的规律。

别忘了，你是在与人类打交道，人是会犯错误的。你必须有勇气面对自己的不完美，也允许孩子做不完美的人。如果你能以幽默的态度接纳和了解自己的错误，也就会自由无拘束地接纳孩子的错误了。如此，你便能照顾好自己的内心。

所以，养育的重点从来都不是孩子，而是我们自己。因为孩子是一系列与众不同的基因和环境混合而成的作品，而我们作为孩子的父母，就是那个环境的重要组成部分。我们只有时刻与自己相伴，与自己的内在小孩联结，呵护他、接纳他、鼓励他，我们便不太容易被孩子绊倒，我们能获得心灵的自由，也能更好地爱孩子。无条件地爱自己，也能够给到孩子足够的安全感。

生活有时很艰难、痛苦、不公平，但这就是生活。我们无法改变已经发生的事情，但我们可以改变对它们的看法。没有不好的事降临在我身上，它们是为我的成长而准备的。带着这份乐观，你就能很好地照顾好自己，也就能照顾好你身边的人，而孩子也能学习到这一点。

6.6 父母的角色

关于父母的角色一向有很多的比喻。有的说父母像大山，让孩子依靠；有的说父母像雨伞，为孩子遮风避雨；而我更喜欢的说法是父母是园丁，尊重并激发不同植物的多样性和创造性。

我从小就喜欢养花，读小学时就在妈妈的菜园里开辟了一块地方作为我的花园。现在的房子也有一个小花园来满足我养花种菜的需求。我会种植一些蔬菜和鲜花。在种植的过程中，我时常体会到，父母和孩子共同成长的过程和园丁在花园里种植植物的过程，这二者有异曲同工之妙。

◆ 特性和节奏

每种植物都有自己独特的习性和节奏，这点是显而易见的。你不可能让一朵牵牛花成为玫瑰花。牵牛花是乡野之花，它是野蛮生长的，很容易发展成一大片。而玫瑰不同，它需要勤施肥，充足的阳光，预防病虫害，连修剪都是有讲究的。因为花不同，所以有不同的养护需求。就算同样的月季，不同的品种，需求也不同。蓝色阴雨喜欢半阳半阴的环境，而龙沙宝石就喜欢全日照，而且花期也不同。了解植物的习性以及植物的需求，我们才能把植物养好。对应到孩子，他们也是不一样的，都有不同的需求，所以要因材施教。

我的大儿子是一个非常有主见的小孩，甚至可以说是执拗，他不太能接受突如其来的变化。比如我们计划了下午去一个远郊的图书馆，到了中午发现家里突然停电了，于是找物业检修花了很长时间，再去图书馆有点来不及，对他来说改变计划好的事情是不能接受的。我了解他的这个特性，做计划的时候，会加上"如果""可能"这样的词。举个例子，原计划周六晚上去看电影，我们当天出去玩，会跟他提前告知："如果我们在外面玩到晚上六七点了，就不去看电影了，时间来不及，等下周末再看。"他就能接受。他的这份坚持用在学习上，就能做到不需要提醒就主动完成作业，而且在钻研数学题的时候，他遇到一道难题，会说:"我就不信我解不出来。"他做事情很有毅力。

弟弟和他不一样,弟弟没有这份坚持。他对于变化特别能接受,怎样都可以。体现在生活中就是,他对自己的作息没有太多的认识,有时候早上出门上学时间紧张,他却花了20分钟才穿好衣服,原因被桌上的一本书吸引了,看书去了。那么对于他,我们就需要在早上和睡前留足够的时间给他。此外他在作业方面也需要家长提醒,他有时会沉迷画画忘了作业。

也有人用动物来比喻孩子不同的属性。一个班里几十个孩子,有的像狮子,颇有领导力;有的像变色龙,特别擅长人际交往,但他对做班长一点兴趣也没有;有的像老鹰,有条理有计划,书包收拾得一丝不苟,让他做课代表他能很负责任地完成老师交代的任务;有的像乌龟,很安逸地待在自己的小世界里,自得其乐。我们需要培养观察力,来了解这个孩子的特性是什么。他是狮子,就帮助他更有领导力。他是鱼,就帮助他游得更快,而不是要将狮子和鱼都培养为有爬树能力的猴子。

有位朋友的女儿因为出生时难产,颅内出血没有及时治疗,导致智力四级残疾,学习上怎么努力都达不到班级的平均水平。妈妈一开始很焦虑,觉得孩子肯定是考不上高中,在纠结要不要花钱让孩子上国际高中,好歹也能混一个文凭。女儿的老师提醒这位妈妈,不一定要盯着文化成绩,她学习不行,就算花钱进了高中也未必跟得上,自信心还受打击。可以考虑读职高,学习一门技艺。这位妈妈发现女儿喜欢烘焙,于是送她去职校学了西点,她女儿变得越来越自信和快乐。这位妈妈了解了孩子的特性,也尊重了孩子的节奏,

蔡元培先生说:"知教育者,与其守成法,吾宁尚自然。与其求划一,吾宁展个性。"教育应该根据每个孩子不同的特点,因材施教,培养孩子形成自己独特的人格,而不是形成整齐划一的工业产品。通过对

孩子的观察和了解，我们可以以一种最具活力的方式陪伴他成长。如其所是，静待花开。

◆ 土壤、阳光、空气和水

在种植月季的过程中，我注意到地栽和盆栽的效果完全不同。地栽的月季比盆栽的月季长得更好，花朵更大，虫害却更少，这得益于足够大的土壤空间，使植物的根部得以舒展。植物根部强劲了，才会枝繁叶茂。有的植物因为冬天太冷而枯萎了，但只要根部还有生命力，到了春天又会重新发芽生长。

有时候月季出现黄叶子等病害症状，此时只是把这个黄叶子剪掉是不够的，除了打药，我们还要检查土壤的情况。土壤是板结的还是疏松的？如果是板结的，我们还需要松土。植物需要一个宽松的环境，孩子也是。

有一次参加儿子学校的家长会，校长说道："作为一个工作几十年的教育工作者，我见过很多的孩子，有些孩子小学时不怎么样，后来慢慢地成长起来了。孩子的一生非常长，他现在的一些'缺点'，随着自己的成长，不再是缺点。我们要给孩子提供一个宽松的、积极的环境。教育，是一个潜移默化的过程，而不是一锤子的锻造。教育是农业，绝对不是工业。学生是种子，绝对不是瓶子……"

一个宽松的正向的环境，一定要重视对孩子的信任。你信任孩子，孩子就能发展得很好。有些父母比较严苛，孩子犯一点小错误就去责备，这个空间是不够的。同时，现在的孩子们课业排得比较满，也需要为他们留出更多休闲娱乐的时间。

再说土壤，我觉得充满鼓励的家庭氛围就是好的土壤，能够接纳孩子倾听孩子的父母就是好的土壤。好的土壤并不是优越的经济实力和物质条件，而是精神层面对孩子的影响。土壤改造好了，不用做得太多，植物也会长得好。孩子出现各种问题，先去想想土壤怎么改良，土壤的改良也不是一朝一夕可以完成的。

有了好的土壤，加上阳光、空气和水，植物才能长得好。我北边院子里种的西红柿就远远没有南边的好，因为北边没有阳光。阳光对万物的生长太重要了。现在的孩子见阳光的时间很少，父母要刻意多为孩子创造户外玩耍的机会。父母能提供土壤、阳光、空气和水，然而最终生长的还是孩子自己。不需要过多干涉和控制孩子，相信孩子成长的力量。

另外，青春期孩子比小学阶段的孩子需要更大的空间，如果孩子即将到了或已经到了青春期，父母要清楚这一点。养育孩子要根据孩子生理的需求，为孩子准备适宜的空间和玩具，并随着孩子的变化不断更换选择合适的学校，然后，享受与孩子一起生活的点滴快乐时光。

◆ 取舍与留白

拿种植土豆为例。土豆开花了以后我要做一件事情，就是把美丽的土豆花给掐掉，让植株的营养流向根部去支持土豆的生长。从这里面我就学到了取舍，要花还是要土豆？取决于你自己。同样的还有番茄，番茄在生长的过程中也需要掐尖，也叫打顶。如果不掐尖，它会一直往上生长。掐尖之后它会向横向发展，生长更多的旁枝，结更多的番茄。我们还需要去掉一部分的旁枝，集中营养给我们需要的枝条，这也是取舍。生活中不可能所有的好处都拥有，我们一定要有主次之分。

在和孩子一起相处的过程中，我们也时不时面临取舍。在和孩子发生矛盾的时候，我们是在气头上一定要赢了孩子，还是我们先从冲突出退出？这是取舍；在孩子即将要去睡觉的时候，你检查到他用iPad偷偷玩游戏玩了两个小时,你要不要这时候教训他?还是先放一放?抓大放小,让孩子有一个平和的情绪进入梦乡,这也是取舍。

如果没有取舍,我们会事无巨细地去纠正孩子,他会觉得我这不行,那也不行,很有挫败感,他表现出来的行为就是在每一件事情上都跟你对着干。当孩子的精力都用来跟你对着干的时候,他就没有精力去提高自己。我做的取舍就是抓大放小,一个阶段就管一件事情。这个月我们的目标是9点上床入睡,我和孩子就盯着这个目标,有时候房间乱一点,或是丢了水杯,都可以忽略不计了。人的技能是要经过集中刻意练习才能学会的。One thing at one time。一次一事,才能把事情做好。当孩子在一件事情上有进步,他会觉得"我能做到,我有自信",就会越做越好。与其眉毛胡子一把抓,不如一次只抓一样。

还有一个取舍,是在"正确"和"关系"上的取舍。

我曾经是一个很追求"正确"的人,很多时候为了所谓的"正确"而不惜破坏关系。比如我曾经因为发现孩子上网课偷偷看视频而冲他大吼,这就是为了"正确"而没有顾及我们的关系。我曾经因为老公对孩子态度粗暴而责备老公,以至于开始争吵。而我现在意识到,在行为上着力,就好比是在树枝上修修剪剪,而重要的其实是根基,而这根基就是亲子关系。

在前面的章节里我们提到课题分离是留白的艺术,在孩子的生活和学习方面,也要留白。

每到早春,万物生发。如果第一年种了丝瓜或是紫苏,第二年会发出很多苗,充满整个菜地。如果不去间苗,没有足够的空间和留白,植物是长不好的。

我们现在一部分学校还在积极推行应试教育,让孩子大量做题和记忆,而留给孩子思考的空间很少。因为教育内卷,孩子被安排了各类补习班、兴趣班,周末也得不到休息。有些孩子学得太多根本消化不了。

有些孩子学了无数的技能，成年后却是一个不会生活的人，不具备社会情怀，不会和人打交道，没有爱人的能力。蔡元培先生说："教育者，非为已往，非为现在，而专为将来。"人工智能未来会达到我们无法想象的程度，如果我们还用过去的学习方式来挤满现在的时间，这就是舍本逐末。家长需要有勇气和远见来给孩子的生活和学习留白。

或许是因为焦虑，或许是生活安排得太满，很多家长和孩子互动的内容，都停留在"做"的层面上。让孩子要么做这个，要么做那个，家里的氛围是相对紧张的。在这种紧张的氛围里生长的孩子往往会有比较多焦虑和不安，因为孩子在"在"的层面没有被完整认可。有时候家长不要忙着去做事情，而是应该多花时间，给孩子更大程度的关注。看着孩子的眼睛，单纯地倾听孩子，或是给他们讲故事，观察他们在家里的生活，这些时候你们是"在"一起的。

最为重要的，是父母两人在家里制造的能量场。不管家里事情有多繁忙琐碎，确保你们之间有一些空间和留白，这样你们各自都会散发松弛感，影响家庭的能量场。在这种平和的氛围中长大，孩子在心理层面会更加健康，这就是在维系"根部"。如果你都着力在"枝条"（行为），就没有那么多精力维系根部，融洽的亲子关系也就无从谈起。

◆ 时　机

任何事情都要讲求时机。比如浇水，月季有花苞了和正在开花的时候都需要大量的浇水，保持水分充足可以延长月季花期。而在没有花苞时，就不需要这么浇水，偏干养护反而可以让根系得以生长。

我们在教育孩子上也是一样，要讲求时机。在前面的章节里我们提到，有情绪的时候不是教育孩子的好时机，等双方的"大脑盖子"合上，恢复理智后才是合适的时机。孩子早上上学前、吃饭时、睡觉前，都不是批评孩子的时机，而恰恰是和孩子建立联结的时机。孩子需要有良好的心情开启新的一天，如果一早上就遭受到批评和指责，会很影响这一天的学习和生活。吃饭的时候进行说教，很容易让孩子增加压力而影响身体健康。睡前和孩子聊聊天，说说孩子的闪光点，让孩子带着满足进入梦想，这对你和孩子的关系非常重要。

◆ 活在当下

花园里每天都有新的变化，有些植物早上还是只有花苞，正午就绽放了。人的发展也是如此。今天的想法和昨天的想法不一样，今天的呼吸也和昨天的不一样。每一天都是新的一天。稻盛和夫说："完整地过好今天，就能看到明天。"

不要给孩子贴标签，也不要让过去的标签阻碍你看见孩子的亮点，要用发展的眼光去看待孩子。有些在小学时调皮捣蛋的孩子，到了中学后焕然一新。父母作为园丁，应该提供一个营养丰富、安全稳定、正向宽松的环境，让各式各样的植物茁壮生长。土壤改良好了，阳光、空气和水到位了，这个良性的生态环境势必会帮助孩子创造属于他们自己的宝贵生活并拓展无限的可能性。父母相信孩子，孩子就会在信任的环境中发生改变。

照顾孩子这件事情本身就是有意义的，父母和孩子的关系本身就拥有独一无二的美好。园艺从来没有失败这个说法，只要你不放弃，就等于成功。你无法阻止一株植物成长的节奏。你只需要把它种下，育出新枝新芽，等到春天到来，花团锦簇。你在一旁，笑意盈盈，看着它说："哇！你好棒啊，请继续加油！"

后　记

不完美的勇气

　　谈到个体心理学，阿德勒自己表示："了解人类并不容易。个体心理学，恐怕是所有心理学中，最难学以致用的了。"单单只是学习阿德勒心理学，把它当作一种知识去认知，不会改变什么，最重要的是要身体力行，亲身实践，所以阿德勒心理学又被称为使用心理学。

　　2011年8月，怀孕30周的我，告别了知名外企的职业生涯，成为一名准全职妈妈。在经历了两年全职妈妈的新鲜、幸福和失落之后，我在2013年5月参加了正面管教家长工作坊，并在同年年底参加了正面管教家长讲师培训，转型成为一名正面管教讲师。

　　2014年5月，在大儿子两岁半，我怀着小儿子4个月的时候，我开始讲授正面管教家长课。随着讲授和学习的深入，我被这个体系深深吸引，并对正面管教的理论源头——阿德勒心理学，产生了浓厚的兴趣。我先后研读了阿德勒心理学系列书籍《超越自卑》《孩子：挑战》《儿童教育心理学》《人生的动力》等，并参加国内外导师的阿德勒心理学工作坊，还远赴阿德勒夏季学院进修。阿德勒心理学将"鼓励"（赋予勇气）作为克服人生种种人际关系问题的主要方法，将"社会情怀"作为教育和咨询的重要目标和精神健康的指标。

当时我刚从深圳搬到西安半年，人生地不熟，但是就凭着一腔热情，以及阿德勒心理学的"不完美的勇气"，在西安很多家长还不知道正面管教是什么的时候，我去拜访了西安大大小小的早教中心，向他们介绍正面管教，争取到开分享会/讲座的机会。我组建学习小组，持续开设正面管教家长课堂、还和团队小伙伴一起，组织了五百人大型讲座，把正面管教理论传递给更多的家庭。除此以外，我还是EHE讲师互助西安站的负责人，为讲师们的共同成长做了不少努力。我的事例鼓舞了不少新讲师勇于去开始、去尝试走上讲台。我为自己所做的深感自豪。

然而，随着我先生工作地点的又一次变动，我不得不放弃在西安建立起来的一切资源和成绩，再一次从零开始。

2016年2月，我迁居上海，这时候的正面管教市场和三年前我初到西安时完全不同。上海已有很多成熟的正面管教机构和资深讲师。我初来乍到，没有资源，没有朋友，当然，也没有学员。而且因为我要带孩子适应在上海的生活，所以很长时间开不了课。这种巨大的落差让我心情沮丧、失落，甚至否定自己。我害怕面对熟悉的讲师朋友们，当她们问我有没有开课的时候，我不知道怎么回答。

我受不了自己的"失败"，很长时间里都处在低落和焦虑的情绪之中。我觉察到我是在拿自己和别人进行比较了。这个时候，我和其他人是纵向关系，而不是横向关系。我要么把自己放在梯子的顶端，要么把自己放在这个梯子的底端。而阿德勒所提倡的社会情怀，让我们以合作、贡献的态度面对任务。社会情怀是双赢的利器，提升自己才能贡献他人，人们也因为付出与贡献而成为更好的自己。

缺乏社会情怀的人，才会关注一己安危，带着输赢的得失心，以高低的垂直竞争来衡量自己和他人的关系，于是非常在意他人的评价。阿德勒说，我们始终可以有两种选择，一种是社会有益面（useful），另一种是社会无益面（useless）。当我们遇到困难，必须做出抉择时，总会以个人的是非对错为标准，决定所谓的好/不好，或者正确/错误。然而在阿德勒心理学中，判断的标准是："这样的决定对自己或他人是否具有建设性，是否朝着社会有益面去发展？"要思考的是："这件事对包含自己与他人在内的共同体而言，究竟如何？"一旦采用这样的标准，就不会把其他人都当成坏人，并将其排除在外。阿德勒总是鼓励我们，始终带着勇气向前。

我可以选择关注自己的得失，对自己生气，沉浸在低落挫败的情绪中不能自拔。我也可以选择接纳自己，带着不完美的勇气，去犯错误，去重新开始，去传播这门学问给更多的人。我选择了后者。特别感激又一次迁居到上海的这段经历，它让我感到痛苦，但又让我不得不面对自己真实的内心。这里把我所有的骄傲和优越感全打破了。我明白了其实我什么都不是，我只能选择重新开始。

我不再精神内耗，而是让自己有不完美的勇气，去弄明白接下来我要怎么做。我开始去有意识地结交上海的朋友们，我的初衷是向更多人推广正面管教，传播这门让更多家庭受益的学问，因此即便害怕失败，我还是鼓起勇气往前走了。2017年8月19日，我在上海的第一期家长课开课了。这个课对我意义重大，它意味着我又一次在一个陌生的城市开始了我的正面管教事业。我要特别谢谢家长朋友和讲师伙伴们推荐上海的亲人和朋友来参加我的课程。

我认真地备课，带着"不完美的勇气"，又一次在一个新的城市重新开始了。朋友们问我开课怎么样的时候，我说："当我坐在那里，感觉就来了！"和以前不一样的是，我不再担心自己讲得好不好，学员们怎么看我，而是带着使命和责任而来，期待把这个以阿德勒心理学为基础的科学的育儿理念传递给更多的家长。

当我们朝着"社会情怀"的方向前进，并能赋予自己和他人"勇气"的时候，阿德勒心理学就能真正地被我们内化在心中，使用在生活的方方面面。

写这本书的过程，也是践行"不完美的勇气"的过程。

我五岁半读小学一年级，十岁半进入初中一年级，之后开始住校，只有周末才回家。这么小就远离父母，我有很多的心思不知向谁诉说，就把它们写进了日记里。也许是不断地写日记，锻炼了我的写作能力，又或者是因为心思敏感细腻，我写出来的文字颇具真情实感，打动了不少读者。首先被打动的是我的中学语文老师，他经常把我的作文当作范文读给全班听，这给了我很大的鼓励。在我上大学期间，《楚天都市报》刊登了我的投稿。大学毕业后来到深圳工作，我业余时间写的文章，也被《深圳特区报》《深圳晚报》《深圳都市报》相继刊登，这又给了我持续写作的动力。在深圳工作生活期间，我热衷于户外徒步，每次从山野徒步回来我都会以图文的形式记录在路上的点点滴滴，这些游记发表在户外网站"磨坊"和"山友"，时常被评为精华帖，后来我又有幸成为"山友"网站的版主，不仅以脚步丈量这个世界，还通过文字和图片把户外的美好分享出去。

再后来，结婚生子，户外活动参加得少了，育儿关注得多了。写作的题材也从情感类、旅行类转变成了育儿类。我还保持着写作的爱好，创办了自己的公众号，也给亲子杂志写专栏文章。时常就有读者来跟我说，很喜欢读我的文字，也从中受到很多启发。不知道从什么时候开始，有一个关于写书的梦想出现了。我在正面管教和阿德勒心理学的领域耕耘了十年，我养育了两个孩子近十二年，是不是我也可以写一本以阿德勒心理学来指导生活与育儿的书籍呢？

然而，写书的过程却并非一帆风顺。一方面是经历了疫情，两个孩子在家上网课，家务和一日三餐都占用了我大量时间；另一方面，我越写，越觉得我在阿德勒心理学的理论上有诸多理解不成熟的地方，我有些怀疑自己："你这样的水平，写出去的书，有说服力吗？"我总是觉得不够完善，书稿一改再改。每一次挑战都是学习，我开始把一切可利用的时间都用来钻研和写稿，遇到某些理论的出处不确定，我就去请教资深的老师。就这样，我在写作的同时，对阿德勒心理学的理解比之前更加深入了。我也放下了"这是我的梦想"和"我写得好与不好"的想法，而是将每一位陷入育儿苦恼的家长装在心里，分析这些挑战缘何而来，我们可以如何应对，如何和孩子共同成长。修改后的书稿比之前更加完善，我逐渐相信，这本书一定能给读者带来启发和新的养育视角。

在《自卑与超越》一书中，阿德勒认为："所有人类的动机、对自身文化的种种贡献，都源自对优越感的追求。人类的生活全都依循着这条轨道前进，也就是由下往上、由负面到正面、由挫败转向胜利的轨迹。然而真正可以直视并克服人生任务的，只有在追求优越感的同时，趋于让所有人都能丰足，也就是朝着'对他人也有益处'的方向前进的人。"

合作、贡献、对他人有兴趣，朝着这个方向前进，我们的人生将非常有意义。带着不完美的勇气，从错误中学习，不断地学习和成长，成为更好的自己。

我鼓励大家全情迈进阿德勒心理学的旅程。

郭琼

2024 年 5 月

致 谢

从开始着手写这本书到最终付梓,共历时三年。过程中,有收到出版合同时的兴奋,有不能如期交稿时的焦虑,有灵感闪现时的欢喜,有对书稿质量自我怀疑时的忐忑不安……而在经历这些之后,留下的却是无尽的感谢。

首先,要感谢我的家人。感谢我的先生,一直无条件地支持我。很多时候你承担起照顾两个孩子的任务,为我腾出写作的时间和空间。书里面有不少关于你的"反面教材",你也欣然接受。感谢我的两个儿子,是你们让我对自己有更多的反思和对成长的渴望,让我成为更加真实和完整的自己。我们之间发生的各种摩擦和矛盾、幸福和温暖,很多都成了书里的素材。

其次,要感谢自2014年我开始涉足家庭教育领域以来,一路关注我、支持我的家长朋友以及公众号的读者朋友们。谢谢你们告诉我,我的课、我的文章如何改变了你们和孩子之间的关系,给家庭关系的和谐添砖加瓦。是你们的反馈激励了我,让我在这条有意义的路上越走越远。

再次,要感谢我在学习正面管教和阿德勒心理学的旅程中所遇到的每一位老师和教授以及邀约我去分享或讲课的合作伙伴们,无论是学还是教,都帮助了我在阿德勒心理学的学习上一路精进。感谢我的导师甄颖,在书稿的最初阶段给了我不少建议,示范给我如何做到专业和严谨。感谢在书稿的内测阶段提供反馈和建议的好朋友们：邵琳、Cheryl、吴琳娜、耿欢、方婷、徐敏。还要感谢我的编辑——秦庆瑞老师，这三年来，您总是诚恳地反馈专业的意见，并为这本书的出版付出了大量的心力。

最后，特别要感谢读到这本书的你，感谢你与我共同享受为人父母成长的旅程。作为我的第一本书，我内心时有忐忑，不知道这本书是否能经得起广大读者的检验。在正面管教和阿德勒心理学的学习和实践中，我才浸淫不过十年而已，我还走在学习的路上。如果您对某些观点持有不同的想法，欢迎与我交流。（邮箱：26643374@qq.com；微信号：vickiegq）

让我们一起学习如何成为孩子的榜样，遇见更好的自己，懂孩子，爱孩子，共同创造温馨和谐的亲子关系。